Chemische Versuche

aus dem Gebiete der anorganischen Chemie

Herausgegeben von

J. K. König

Berlin und Leipzig 1921
Vereinigung wissenschaftlicher Verleger
Walter de Gruyter & Co.
vormals G. J. Göschen'sche Verlagshandlung :: J. Guttentag, Verlagsbuchhandlung :: Georg Reimer :: Karl J. Trübner :: Veit & Comp.

Druck von Metzger & Wittig in Leipzig.

Vorwort.

Der Herausgeber dieses Büchleins beabsichtigt, mit diesem Werkchen der studierenden Jugend und allen, welche sich für Chemie interessieren, ein billiges und praktisches Nachschlagebuch für chemische Versuche aus dem Gebiete der anorganischen Chemie in die Hand zu geben. Das Buch soll keineswegs ein Chemiebuch ersetzen, sondern in erster Linie das in den Lehrbüchern erworbene Wissen in ein praktisches Können überführen.

Die Anordnung der Versuche ist so getroffen, daß fast alle ohne teure Apparate ausgeführt werden können.

Möge das kleine Werk eine freundliche Aufnahme und Beurteilung finden!

Frankfurt a. M., Mai 1921

J. K. König.

Inhaltsangabe.

Wasserstoff.

H = 1.

Material: Kippscher Apparat; Zinkstückchen; verdünnte Salzsäure; verdünnte Schwefelsäure; einige Standzylinder; Glasscheibe zum Zudecken; pneumatische Wanne; Glasrohr mit Gummischlauch, der in das Ausflußrohr des Kippschen Apparates paßt; Streichhölzer; Glasrohr mit fein ausgezogener Spitze; Glasröhre 50—80 cm lang, 2—4 cm breit; Kochflasche; Kerze; Kalium; Natrium; Löschpapier; Drahtlöffel; konzentrierte Schwefelsäure. Apparat zur elektrolytischen Zersetzung von Wasser (nach Hofmann); Glasgefäß 30—40 cm hoch, 20—30 cm breit; Magnesiumband; Wage; Glasglocke; Kollodiumballon; Platinschwamm; Rohr aus böhmischem Glase, etwa 30 cm lang, und durchbohrte Korkstopfen, in die Öffnungen passend; Kupferoxyd.

Entwicklung von Wasserstoff.

Versuch 1. Bringe in das mittlere Gefäß eines Kippschen Apparates Zinkstückchen, fülle den Apparat von oben aus mit verdünnter Salzsäure oder verdünnter Schwefelsäure, bis die Flüssigkeit das Metall erreicht, und schließe den Hahn.

Der sich entwickelnde Wasserstoff treibt die Flüssigkeit in den unteren Teil des Kippschen Apparates, so daß die Gasentwicklung aufhört. Beim Öffnen des Hahnes tritt das Gas aus, die Säure steigt wieder bis zum Metall empor und die Gasentwicklung beginnt von neuem.

$$2\,HCl + Zn = ZnCl_2 + 2\,H$$
Salzsäure + Zink = Zinkchlorid + Wasserstoff

$$H_2SO_4 + Zn = ZnSO_4 + 2\,H$$
Schwefelsäure + Zink = Zinksulfat + Wasserstoff.

Es ist nötig, verdünnte und keine konzentrierte Schwefelsäure zu nehmen, da sich sonst auf dem Zink Zinksulfat bildet, welches die Schwefelsäure nicht hindurchläßt und so die Gasentwicklung hemmt. Der Wasserzusatz löst das Zinksulfat wieder auf.

Wird Wasserstoff aus roher Säure und käuflichem Zink dargestellt, so ist er verunreinigt, besonders mit Arsenwasserstoff, Schwefelwasserstoff und Kohlenwasserstoff. Zur Reinigung lasse man ihn deshalb durch eine mit einer Lösung von Kaliumpermanganat gefüllte Waschflasche gehen.

Versuch 2. Fülle einen kleinen Standzylinder mit Wasser, verschließe mit dem Glasdeckel oder der Hand die Öffnung, tauche ihn umgekehrt in ein Gefäß mit Wasser (pneumatische Wanne), entferne den Deckel und laß durch einen Gummischlauch, der unter die Öffnung gebracht wird, Gas aus dem Kippschen Apparat einströmen.

Die Gasblasen verdrängen das Wasser und füllen den Zylinder mit Wasserstoff.

Ziehe den Zylinder sodann aus dem Wasser und halte ihn, die Öffnung nach unten, über eine Flamme.

Entzündet sich das Gas mit einem Knall (Knallgas), so ist Luft in den Gasblasen und die Gasentwicklung muß fortgesetzt werden, ehe man zu nachstehendem Versuch übergeht; entzündet sich dagegen das Gas mit einem schwachen Puff und brennt, sobald man jetzt die Öffnung nach oben kehrt, ruhig ab, so enthält das Gas keine Luft mehr.

Laß den H, um ihn zu trocknen, durch eine mit Chlorcalcium gefüllte Röhre oder Waschflasche streichen, da Chlorcalcium begierig Wasser aufnimmt.

Farbe der Wasserstoffflamme.

Versuch 3. Stecke in das Ende des Gummischlauchs eine zu einer feinen Spitze ausgezogene Glasröhre, befestige dieselbe an einem Stativ mit der Spitze nach oben und entzünde den H.

Er brennt mit blaßblauer Flamme, wenn Zink und Säure ganz rein waren, andernfalls meistens mit gelber Flamme.

Chemische Harmonika.

Versuch 4. Laß die Wasserstofflamme in einer senkrecht gehaltenen, an beiden Seiten offenen Glasröhre brennen.

Es entsteht ein Ton. Die Ursache desselben sind Gasexplosionen, welche an der Spitze der Glasröhre stattfinden.

Synthese des Wassers.

Versuch 5. Stülpe über die Flamme eine bauchige Flasche, die Öffnung nach unten gekehrt. Die inneren Wände der Flasche beschlagen sich mit feinen Tröpfchen, indem sich der Wasserstoff mit dem Sauerstoff der Luft zu Wasser verbindet.

Gewicht des H.

Versuch 6. Fülle einen Standzylinder mit H, halte seine Öffnung einige Sekunden nach oben und versuche, das Gas zu entzünden.

Der H ist teilweise entwichen, da er leichter als Luft ist.

Versuch 7. Wiederhole Versuch 6, halte aber die Öffnung nach unten und bringe eine brennende Kerze in den Zylinder.

Die Kerze erlischt, da Wasserstoff die Verbrennung nicht unterhält.

Knallgas.

Versuch 8. Fülle einen Standzylinder zu $^1/_3$ mit Wasser, so daß $^2/_3$ Luft noch darin ist und verfahre sodann wie in Versuch 2 mit H.

Entzündet man das mit Luft vermischte Wasserstoffgas, so explodiert es mit heftigem Knall (Knallgas). — Der Standzylinder kann ohne Gefahr bei der Explosion in der Hand gehalten werden.

Kaliumflamme.

Versuch 9. Wirf Kalium, nachdem es mit Löschpapier gut getrocknet ist, auf Wasser.

Das Metall schmilzt zu einer Kugel zusammen; der sich entwickelnde H entzündet sich durch die Temperaturerhöhung. Kaliumdämpfe färben die Flamme violett.

Ist das Kalium nicht genügend getrocknet, so ist der Versuch von einer Explosion begleitet, da sich das im Innern des Metalls sitzende Petroleum bei der Reaktion in Dampf verwandelt und dieser die Kugel zersprengt. Führe deshalb den Versuch in einem hohen Glasgefäß aus.

$$K + H_2O = KHO + H$$

Kalium + Wasser = Kaliumlauge + Wasserstoff.

Natriumflamme.

Versuch 10. Wirf statt des Kaliums Natrium auf Wasser. Natrium rotiert ebenso wie Kalium, doch entzündet sich der H nicht, da die Wärmeentwicklung geringer ist und nicht die Verbrennungstemperatur des H erreicht.

$$Na + H_2O = NaHO + H$$

Natrium + Wasser = Natriumlauge + Wasserstoff.

Versuch 11. Wiederhole den Versuch mit heißem Wasser. Die Verbrennungstemperatur wird jetzt erreicht.

Versuch 12. Fülle einen Standzylinder mit Wasser, stelle ihn verkehrt in die pneumatische Wanne und halte in einem Drahtlöffel ein Stückchen Natrium unter die Öffnung.

Das Natrium entwickelt H. — Prüfe das Gas durch Anzünden.

Analyse des H.

Versuch 13. Gieße zu 10 Teilen Wasser 1 Teil reine, konzentrierte Schwefelsäure, rühre die Flüssigkeit gut um und fülle damit den Hofmannschen Zersetzungsapparat. Schicke den elektrischen Strom hindurch (4 bis 8 Volt genügen).

An der Anode bilden sich 1 Raumteil Gas (Sauerstoff), an der Kathode 2 Raumteile Wasserstoff.

Öffne den Hahn der U-Röhre und prüfe den H mit einem brennenden, den Sauerstoff mit einem glimmenden Spahn.

Öffne beim Füllen der U-Röhre die beiden oberen Hähne, fülle langsam und schließe die Hähne, sobald die Flüssigkeit sie erreicht hat.

$$H_2O = 2H + O$$

Wasser = 2 Wasserstoff + Sauerstoff.

Zersetzung des Wassers durch Magnesium.

Versuch 14. Laß in einem Halbliterkolben Wasser längere Zeit lebhaft sieden und tauche sodann ein Stück brennendes Magnesiumband hinein.

Der Kolben ist nur mit Wasserdampf, nicht mit Luft (und damit mit Sauerstoff) gefüllt; trotzdem brennt das Magnesiumband, da es sich mit dem Sauerstoff des Wasserdampfes verbindet. H wird frei und brennt am Halse des Kolbens.

$$H_2O + Mg = MgO + 2H$$

Wasser + Magnesium = Magnesiumoxyd + 2 Wasserstoff.

Gewicht des H.

Versuch 15. Hänge eine Glasglocke umgekehrt an den einen Arm einer Wage, stelle das Gleichgewicht her und fülle die Glocke über Luft, von unten her, mit H.

Der Wagebalken mit der Glocke geht in die Höhe, da H 14,38 mal leichter als Luft ist.

Versuch 16. Stülpe einen Kollodiumballon über den Hahn der Gasentwicklungsflasche, presse alle Luft aus, befestige den unteren Teil des Ballons mit einem losen Faden an den Hahn und öffne diesen.

Das Wasserstoffgas strömt ein, bläst den Ballon auf und verursacht sein Aufsteigen.

Platinschwamm und H.

Versuch 17. Laß H auf Platinschwamm strömen.

Der H entzündet sich. Platinschwamm, metallisches Platin in sehr fein verteiltem, schwammig lockerem Zustande, hat die Eigenschaft, Platinoxyd auf seiner Oberfläche zu bilden. Der Sauerstoff verbindet sich mit dem Wasserstoff unter bedeutender Wärmeentwicklung, welche zur Entzündung des H ausreicht (Anwendung beim Döbereinerschen Feuerzeug).

Reduktion durch H.

Versuch 18. Bringe in ein etwa 30 cm langes Rohr aus böhmischem Glase etwas Kupferoxyd, verschließe beide

Öffnungen mit durchbohrtem Kork, verbinde das in den einen Korkstopfen ragende Glasröhrchen mit einer Trockenflasche und diese mit der Gasentwicklungsflasche, stecke in den anderen Kork ein rechtwinklig gebogenes Glasröhrchen. Untersuche auf Knallgas, zünde sodann den reinen H an und erhitze die Röhre.

Der H verbindet sich in der Röhre mit dem Sauerstoff des Kupferoxydes zu Wasserdampf und verlöscht die Flamme. In der Röhre ist reines Kupfer.

$$CuO + 2H = Cu + H_2O$$

Kupferoxyd + 2 Wasserstoff = Kupfer + Wasser.

Sauerstoff.

$O = 16.$

Material: Chlorsaures Kali; gepulverter Braunstein; Retorte; Schlauch, passend an das Retortenende mit Glasröhrchenspitze; pneumatische Wanne; Eisenlöffel; Schwefelstückchen; Uhrfeder; Zunder; Standzylinder; Phosphorstückchen; Löschpapier; Quecksilberoxyd; Probierglas; Holzspäne; Salpeter; Holzkohle; Bimssteinstückchen; rotes chromsaures Kalium; 3 $^0/_0$ ige Wasserstoffsuperoxydlösung; Kippscher Apparat.

Darstellung des O.

Versuch 19. Mische einige Gramm chlorsaures Kali mit der gleichen Menge gepulverten Braunstein, schütte dieses Gemenge in eine Retorte, befestige an das Retortenende einen Gummischlauch, erhitze die Retorte und fülle ähnlich wie bei Versuch 2 einige Standzylinder mit O. (Zudecken!)

Zur Herstellung größerer Mengen benutzt man eine eiserne Retorte.

Die Vermengung des chlorsauren Kali mit Mangan hat den Zweck, eine gleichmäßige, ruhige Entwicklung zu erzielen. An Stelle der Retorte kann man auch eine an dem einen Ende zugeschmolzene Glasröhre aus böhmischem Glas nehmen, die der Länge nach erhitzt wird.

$$KClO_3 = KCl + 3\,O$$
Kaliumchlorat = Chlorkalium + 3 Sauerstoff.

Sauerstoff unterhält die Verbrennung.

Versuch 20. Entzünde in einem Eisenlöffel ein Schwefelstückchen und tauche diesen in einen mit O gefüllten Standzylinder.

Schwefel brennt in O mit blendend blauem Glanze. Stecke den Stiel des Eisenlöffels in eine runde Pappscheibe und benutze diese als Verschluß des Standzylinders.

Versuch 21. Hänge an einen Korkstopfen, der die Öffnung eines Standzylinders verschließen kann, eine dünne, ausgeglühte spiralige Uhrfeder, an deren unterem Ende ein Stückchen Zunder befestigt ist. Zünde diesen an und hänge die Spirale in einen mit O gefüllten Standzylinder; dessen Boden etwa 1 cm mit Wasser bedeckt ist.

Die Uhrfeder verbrennt in O mit lebhaftem Funkensprühen. Kleine Metalltröpfchen fallen auf den Boden des Gefäßes.

$$S + O_2 = SO_2$$
Schwefel + Sauerstoff = Schwefeldioxyd.

Versuch 22. Trockne ein Stückchen Phosphor mit Löschpapier, entzünde es im Eisenlöffel mit Hilfe von Zunder und verfahre wie im Versuch 20.

Phosphor brennt mit sonnenähnlichem Glanze in O.

$$P_4 + 5\,O = 2\,P_2O_5$$
Phosphor + Sauerstoff = Phosphorpentoxyd.

Knallgas.

Versuch 23. Fülle einen Standzylinder zum Teil mit H, zum Teil mit O. Entzünde das Gasgemenge. Knallgas.

Die Detonation ist am heftigsten, wenn 2 Raumteile H mit 1 Raumteil O vermengt sind. Das Verbrennungsprodukt ist Wasser.

Analyse des Wassers.

Versuch 24. Wiederhole Versuch 18; das Gas an der Anode ist Sauerstoff.

Jedes Ampere liefert in der Stunde 0,298 g Sauerstoff (= 209 ccm). Prüfe den O mit Hilfe eines glimmenden Hölzchens.

Darstellung des O.

Versuch 25. Fülle etwas Quecksilberoxyd in ein schwer schmelzbares Reagenzgläschen und erhitze dieses. Tauche nach kurzer Zeit einen glimmenden Span in das Gläschen.

Der Span brennt lebhaft.

$$2\,HgO = 2\,Hg + O_2\,.$$

Durch Versuch 25 werden nur verhältnismäßig kleine Mengen O erhalten. 1 g Quecksilberoxyd liefert 42 ccm Sauerstoff, dagegen 1 g chlorsaures Kalium (Versuch 19) 274 ccm.

Versuch 26. Schmilz in einem Reagenzgläschen einige Kubikzentimeter Salpeter, wirf ein Stückchen Holzkohle hinein und erwärme weiter.

Die Holzkohle fängt lebhaft an zu glühen, da der Salpeter beim Erwärmen einen Teil seines O abgibt.

$$KNO_3 = KNO_2 + O\,.$$

Versuch 27. Bringe in die mittlere Kugel eines Kippschen Apparates eine Lage Bimssteinstückchen und darauf rotes chromsaures Kalium in großen Kristallen. Mische sodann 2 Liter 3 % ige Wasserstoffsuperoxydlösung mit 300 ccm konzentrierter Schwefelsäure und gieße nach Erkalten der Mischung soviel von dieser in den Kippschen Apparat, bis die Kristalle des chromsauren Kali berührt werden.

Es beginnt sofort eine lebhafte Sauerstoffentwicklung (E. Erdmann).

Der auf diese Weise erhaltene O ist ganz rein. Wasserstoffsuperoxyd enthält 94 % O und gibt die Hälfte dieser Menge leicht ab.

$$H_2O_2 = H_2O + O$$

Wasserstoffsuperoxyd = Wasser + Sauerstoff.

Wirken andere sauerstoffhaltige Körper, wie z. B. chromsaures Kalium, auf Wasserstoffsuperoxyd, so geben auch diese O ab.

Ozon.

Mol. = O_3 = 48.

Material: Standzylinder; Phosphor.

Versuch 28. Bringe in einen Standzylinder einige Stückchen gelben Phosphor, bedecke sie zur Hälfte mit Wasser, verschließe den Zylinder.

Nach einiger Zeit wird ein Teil des Sauerstoffs der Luft in Ozon verwandelt. Der Geruch ist kautschukartig.

Stickstoff.

N = 14.

Material: Glasglocke, unten offen, oben mit Stopfen verschließbar; knieförmig gebogene Glasröhre mit einem geschlossenen Ende; Salpetersäure; Gasableitungsrohr; pneumatische Wanne; Ätzkalilösung; Zinkstückchen; gelöschter Kalk; trocknes Natriumhydrat; Teil eines Pflanzen- oder

Tierkörpers; Reagenzglas; Schwefelsäure; Phosphor; Porzellanschälchen; größerer Kork; zwei Stückchen farbiges Tuch; Indigolösung; ein kleines Stück glattes, weißes Holz; Kalisalpeter; Holzkohle; Salzsäure; Blattgold.

Gewinnung des Stickstoffs.

Versuch 29. Lege ein kleines Stück Phosphor in ein Porzellanschälchen, stelle dieses auf einen breiten, auf Wasser schwimmenden Kork, stülpe eine größere Glasglocke über den Kork, zünde durch die obere Öffnung der Glasglocke hindurch den Phosphor an, so daß der Rand derselben einige Zentimeter ins Wasser taucht, und schließe die Öffnung der Glocke.

Der Phosphor verbrennt und entzieht der in der Glasglocke eingesperrten Luft den Sauerstoff. Die Phosphorsäure löst sich in Wasser auf; das Volumen der abgesperrten Luft wird um $^1/_5$ vermindert.

Der Rest ist Stickstoff.

Vorsicht, da die Dämpfe giftig sind!

Salpetersäure.

Versuch 30. Rieche an einer Flasche Salpetersäure! Zerdrücke sodann in einer Schale etwas Salpeter und gieße einige Tropfen Schwefelsäure darauf.

Die freiwerdende Salpetersäure steigt als Dampf auf. Man erkennt sie am Geruch.

Wirkung der Salpetersäure.

Versuch 31. Schütte einige Tropfen Salpetersäure auf ein farbiges Tuch. Dasselbe wird gelblichrot und nach einigen Tagen mürbe. Wiederhole den Versuch mit einem zweiten Tuch, neutralisiere mit Ammoniak und wasche aus.

Nur die Farbe ist verändert.

Versuch 32. Bringe Indigolösung in ein Probierglas, verdünne mit Wasser und erwärme. Gieße etwas Salpetersäure hinzu. — Die Lösung wird entfärbt.

Versuch 33. Auf glattes weißes Holz streiche ein wenig Salpetersäure. Es wird gelb. (Gelbbeizen.)

Königswasser.

Versuch 34. Mische Salpetersäure mit Salzsäure (1 : 5). In dieser Mischung ist sowohl Gold wie auch Platin löslich. Beide Metalle werden in Chloride verwandelt.

Zum Versuche benutze ein Stückchen Plattgold.

Kalisalpeter.

Versuch 35. Erhitze Kalisalpeter in einem Probierglas. Dasselbe schmilzt und siedet bald und gibt Sauerstoff ab. Wirf ein kleines Stückchen Holzkohle in das Röhrchen!

Die Holzkohle glimmt hell auf, da die Verbrennung durch den entweichenden Sauerstoff begünstigt wird.

Dämpfe der Salpetersäure.

Versuch 36. Fülle in eine knieförmig gebogene Glasröhre, deren kurzes Ende geschlossen ist, etwas starke Salpetersäure, verbinde das offene Ende mit einem Gasableitungsrohr, welches in eine pneumatische Wanne mündet, und erhitze die Röhre.

Die Salpetersäure wird in Dämpfe verwandelt. Diese zerfallen beim Durchstreichen durch das heiße Rohr in rote Dämpfe; der Sauerstoff sammelt sich im Zylinder an.

Ammoniak.

Versuch 37. Erwärme eine konzentrierte Lösung von Ätzkali, in welchem einige Stückchen Zink liegen.

Das Zink löst sich unter Wasserstoffentwicklung auf.

$$2\,KHO + Zn = K_2ZnO_2 + 2\,H.$$

Gieße zu dieser Flüssigkeit etwas Salpetersäure, so entsteht Ammoniak.

Versuch 38. Vermenge pulverig gelöschten Kalk und trocknes Natriumhydrat (Natronkalk) mit einer stickstoffhaltigen Substanz (Teil eines Pflanzen- oder Tierkörpers), fülle es in ein größeres Reagenzglas und erhitze. Es bildet sich Ammoniak, den man durch ein mit Salzsäure befeuchtetes Glasstäbchen, das man in die Dämpfe hält, erkennen kann.

Chlor.

M = 35,18.

Material: Kochflasche; gepulverter Braunstein; Salzsäure; Waschflasche; Standzylinder; Glasröhre mit zwei rechten Winkeln, ⊓; Ammoniak; Spiritus; Lackmuspapier; farbige Blumenblätter; Probierglas; Wein; Bier; ein Stückchen schmutziges Leinen; Lösung von schwefligsaurem Natron; Becherglas; faules Wasser; Chlorkalk; pulverisierter Antimon; unechtes Blattgold; Magnesium; Wasserstoff; Terpentin; chlorsaures Kalium; Phosphor; Salzsäure; Kesselstein; Soda; Lappen; Kupfergeldstück; Schwefeleisen.

Chlor wirkt schädlich auf die Atmungsorgane, darum mache man die Versuche im Freien oder unter dem Abzug eines Laboratoriums.

Herstellung.

Versuch 39. Übergieße in einer Kochflasche gepulverten Braunstein mit 50 g Salzsäure, verbinde die Kochflasche mit einer Waschflasche, diese durch eine zweimal rechtwinklig gebogene Glasröhre mit einem Standzylinder.

Es entweicht ein grünliches Gas, welches allmählich den Standzylinder füllt. Ist dies geschehen, so schließe das Glas mit einem Stopfen.

$$MnO_2 + 4HCl = MnCl_2 + 4H_2O + 2Cl.$$

Manganchlorür

Versuch 40. Zur Darstellung größerer Mengen Chlor benutze den Kippschen Apparat. Zerbröckle feuchten Chlorkalk in kleine Stückchen und wirf diese in die mittlere Kugel. Gieße sodann von oben Salzsäure hinzu.

Eigenschaften.

Versuch 41. Laß Chlor durch Wasser streichen und schüttle tüchtig die Flasche. Die Flasche darf nicht im Licht stehen bleiben.

Ammoniak und Spiritus sind Gegenmittel gegen Chlor.

Versuch 42. Stecke in einen mit Chlor gefüllten Standzylinder feuchtes Lackmuspapier und farbige Blumenblätter.

Die Farbe bleicht.

Versuch 43. Gieße in ein Probierglas mit Wasser verdünnte Tinte, dazu Chlorwasser.

Das Wasser wird wieder hell.

Wiederhole den Versuch mit Wein und Bier.

Chlor greift die Pflanzenfasern an.

Versuch 44. Wasche ein schmutziges Stückchen Leinen in verdünntem Chlorwasser, sodann in einer Lösung von schwefligsaurem Natron.

Das Chlor schadet den auf diese Weise gebleichten Stoffen nicht.

Versuch 45. Gieße eine kleine Kochflasche voll Chlorwasser, tauche sie umgekehrt in ein zum Teil mit Wasser gefülltes Becherglas und stelle dieses einige Tage in Sonnenlicht.

Hat sich ein Gas gebildet, so halte ein glühendes Streichholz daran.

Das Hölzchen brennt hell auf, das Gas ist Sauerstoff. Chlor entzieht mit Hilfe des Lichtes dem Wasser den Sauerstoff und bildet HCl, der Sauerstoff entweicht.

Versuch 46. Übergieße faules Wasser oder schlecht riechende Flüssigkeit mit Chlorwasser. — Der schlechte Geruch verschwindet.

Soll ein Raum desinfiziert werden, so übergieße in einer Schale Chlorkalk mit verdünnter Schwefelsäure (4:1), schließe den Raum und lasse das Chlorgas etwa einen Tag einwirken.

Versuch 47. Schütte langsam mit Hilfe einer Messerspitze pulverisiertes Antimonmetall in einen mit Chlor gefüllten Standzylinder.

Das Antimon glüht beim Niederfallen und verbindet sich zu Antimonchlorür $SbCl_3$.

Versuch 48. Halte unechtes Blattgold (Goldschaum) mit Hilfe eines Kupferdrahtes in Chlor.

Das Blattgold verbrennt.

Versuch 49. Laß eine Wasserstofflamme in Chlor brennen.

Die Flamme wird grün.

H und Cl vereinigen sich unter Feuererscheinung zu HCl.

Versuch 50. Führe brennendes Magnesium in Chlorgas.

Es bildet sich Chlormagnesium.

Versuch 51. Fülle über der pneumatischen Wanne einen Standzylinder zuerst mit Wasserstoff, dann mit Chlor.

Verschließe den Zylinder mit einem Stöpsel und umwickle ihn mit einem Tuche. Halte nach Entfernung des Stöpsels einen brennenden Span an die Mündung.

Beide Gase vereinigen sich unter heftigem Knall.

Versuch 52. Ist Gelegenheit vorhanden, frisch destilliertes Terpentin zu bekommen, so tauche einen Streifen

Papier in dasselbe und hänge es in eine Flasche mit nicht zu kaltem Chlor.

Das Terpentin entzündet sich unter schwacher Explosion.

Chlorsaures Kalium.

Versuch 53. Schütte 5 g chlorsaures Kalium in ein tiefes, mit Wasser gefülltes Glas, wirf einige Stückchen Phosphor zum Salze und laß aus einer Pipette Schwefelsäure zu dem Salze fließen.

Es entwickelt sich ein graugelber Dampf, welcher sich im Wasser auflöst und Phosphor entzündet. Dieser verbrennt unter glänzender Lichterscheinung im Wasser.

Chlorsäure hat die Eigenschaft, leicht entzündliche Gegenstände selbst unter Wasser zum Verbrennen zu bringen.

Salzsäure.

Versuch 54. Entferne mit Salzsäure Kesselstein auf folgende Weise: Fülle das eiserne Gefäß mit Wasser, gieße rohe Salzsäure in kleinen Portionen hinzu, solange ein Aufbrausen erfolgt.

Der Kesselstein verliert seinen Zusammenhang und zerbröckelt leicht.

Nach Auflösung des Kesselsteins entleere den Kessel, spüle ihn mehrmals aus und koche Wasser darin, dem Soda beigefügt ist.

Nach dieser Reinigung kann der Kessel unbedenklich wieder gebraucht werden.

Versuch 55. Feuchte einen Lappen mit verdünnter Salzsäure an, reibe ein oxydiertes Kupfergeldstück damit, bis das reine Metall zu sehen ist.

Das Metall verbindet sich mit dem Chlor, der Sauerstoff mit dem Wasserstoff.

$$CuO + 2\,HCl = CuCl_2 + H_2O.$$

Werden größere Gefäße auf diese Weise gereinigt, so müssen sie sogleich wieder abgespült werden. Die Metallfläche reibe man mit Kreide ab, um sie glänzend zu machen.

Versuch 56. Erwärme Schwefeleisen mit verdünnter Salzsäure.

Es entwickelt sich Schwefelwasserstoff.

$$FeS + 2\,HCl = FeCl_2 + H_2S\,.$$

Brom.

Br = 80.

Material: Probierglas; Bromkalium; Chlorwasser; Schwefelkohlenstoff; Untertasse; Löschblatt; Brom; Kochflasche; Flamme; Äther; Wasser; Schwefelwasserstoff.

Herstellung.

Versuch 57. Löse in einem Probierglas ein Körnchen Bromkalium (KBr) und setze etwas Chlorwasser hinzu. Das Brom wird frei.

$$KBr + Cl = KCl + Br$$

Bromkalium + Chlor = Chlorkalium + Brom.

Eigenschaften.

Versuch 58. Gieße einige Tropfen Schwefelkohlenstoff hinzu und schüttle die Flüssigkeit.

Letztere nimmt eine braunrote Farbe an.

Schütte die Flüssigkeit auf eine Untertasse und entferne mit Hilfe eines feuchten Löschblattes die wäßrige Schicht und rieche!

Das Brom hat einen chlorähnlichen Geruch.

Versuch 59. Gieße einige Tropfen Brom in eine Kochflasche und erwärme dieselbe vorsichtig über einer Flamme.

Es treten gelbrote Bromdämpfe auf.

Gieße Wasser in die Flasche, verstopfe sie und schüttle tüchtig.

Das Brom wird vom Wasser absorbiert und durch dieses gelblich gefärbt.

Gieße hierauf Äther auf die Flüssigkeit und schüttle nochmals. Das Wasser wird entfärbt und der Äther nimmt eine gelbliche Färbung an.

Versuch 60. Gieße Brom in Wasser und leite Schwefelwasserstoff bis auf den Boden des Gefäßes.

Schwefel scheidet sich aus; es bildet sich Bromwasserstoffsäure.

$$H_2S + 2\,Br = 2\,HBr + S$$

Schwefelwasserstoff + Brom = Bromwasserstoffsäure + Schwefel.

Jod.

J = 127.

Material: Glasstäbchen; Jod; Kochflasche; Gasflamme; Weingeist; Stärke; Becherglas; rohe und gekochte Kartoffel; Probierglas; Schwefelkohlenstoff; Porzellanschale; Mikroskop.

Jodgas.

Versuch 61. Bringe mit einem Glasstäbchen einige Körnchen Jod in eine kleine Kochflasche und halte es über eine nicht zu heiße Flamme.

Das Jod schmilzt und verwandelt sich in ein violettes Gas.

Versuch 62. Nimm die Flasche weg und beobachte den Dampf!

Die violette Farbe des Dampfes verschwindet. An den Wänden bilden sich Jodkristalle.

Jodtinktur.

Versuch 63. Gieße in die abgekühlte Flasche einige Tropfen Weingeist.

Das Jod löst sich auf und bildet mit Weingeist Jodtinktur.

Jodtinktur — ein Reagens.

Versuch 64. Koche eine Messerspitze voll Stärke mit Wasser in einem Probierglas; gieße die Flüssigkeit in ein größeres Glas und setze einen Tropfen Jodtinktur hinzu.

Die Flüssigkeit wird blau.

Prüfe ebenso eine gekochte Kartoffel auf Stärke.

Versuch 65. Zerschneide eine rohe Kartoffel und befeuchte den Schnitt mit Jodtinktur.

Beobachte den Schnitt unter dem Mikroskop.

Die Stärkekörnchen erscheinen intensiv blau.

Versuch 66. Fülle den vierten Teil eines Probierglases mit Wasser, füge einen Tropfen Jodtinktur und etwas Schwefelkohlenstoff hinzu und schüttle, nachdem die Öffnung verschlossen wurde.

Der Schwefelkohlenstoff sinkt zu Boden und hat durch das Jod violette Farbe angenommen.

Modifikation zu den Leidenfrostschen Tropfen.

Versuch 67. Nimm eine nicht zu große Porzellanschale und erhitze über der Gasflamme möglichst stark.

Wirf vorsichtig einige Messerspitzen Jod hinein.

Jod schmilzt und bewegt sich lebhaft im Schälchen. Die Flüssigkeit haftet nicht am Gefäß und bildet so eine Modifikation des Leidenfrostschen Tropfens.

Nach Entfernung der Flamme und Abkühlung verwandelt sich die Flüssigkeit in prächtige blaue Dämpfe.

Jod greift Metalle an; deswegen ist zu den Versuchen Glas und Porzellan zu nehmen.

Fluor.

$Fl = 19$.

Material: Flußsäure; Bleiplatte oder Bleitiegel; Glasplatte; Gasflamme; Wachs; Flußspat; konz. Schwefelsäure; Terpentin.

Flußsäure HFl.

Versuch 68. Nimm einen kleinen Bleitiegel oder verfertige aus einer Bleiplatte eine flache Schale von etwa 3 cm Durchmesser, ebne den Rand der Schale, so daß derselbe mit einer Glasplatte zugedeckt werden kann. Überziehe die Glasplatte nach ihrer Erwärmung auf einer Seite mit Wachs, schreibe in dieses einen Buchstaben oder eine Zeichnung, wobei zu beachten ist, daß der Wachsüberzug bis auf die Glasscheibe zu entfernen ist. Bringe gepulverten Flußspat $CaFl_2$ und konzentrierte Schwefelsäure in die Schale und erwärme gelinde. Die Schmelztemperatur des Wassers darf nicht erreicht werden.

Es entwickeln sich giftige Dämpfe aus Fluorwasserstoffsäure, welche man etwa $^1/_4$ Stunde lang in die Glasplatte einfressen läßt.

Schmelze die Wachsplatte, entferne sie und wasche die Glasplatte mit Terpentin ab.

Schwefel.

$S = 32$.

Material: Probierglas; Schwefelblüte; Schwefelkohlenstoff; Schale; Glasplatte; Stangenschwefel; Gasflamme; Standzylinder; Sauerstoff; Phosphorlöffelchen; Dreifuß; Drahtgeflecht; bunte Blumen; Glasglocke; Kochflasche; Kalium; gepulverter Antimon; zwei Kochflaschen; doppelt durchbohrter Kork mit zwei Glasröhren; blaues Lackmuspapier; Silbermünzen; weißes Papier.

Schwefel.

Versuch 69. Übergieße in einem Probierglas gepulverten Stangenschwefel mit Schwefelkohlenstoff und schüttle! Gieße die Lösung in eine Schale und bedecke sie mit einer Glasplatte.

Nach einigen Stunden scheiden sich schöne Kristalle, Oktaeder, aus.

Versuch 70. Schmilz in einem Töpfchen Schwefel vorsichtig! Bei 111° wird er bernsteingelb. Lasse den Schwefel erkalten und gieße, nachdem sich eine starke Haut gebildet hat, den flüssigen Schwefel ab.

Der Schwefel ist in dünnen Säulen kristallisiert.

Versuch 71. Erhitze in einem Probierglas ein Stück Schwefel stärker. Bei ungeähr 150° wird er dunkelflüssig und dick; bei etwa 200° dünnflüssig. Tauche das Röhrchen in kaltes Wasser, damit es springt. Ziehe den abgekühlten Schwefel zu langen Stangen aus.

Versuch 72. Fülle einen Standzylinder mit Sauerstoff, entzünde ein Stückchen Schwefel in einem Löffelchen und bringe es in den Zylinder.

Schwefel brennt mit lasurblauer Flamme.

Versuch 73. Lege auf einen Dreifuß ein Drahtgeflecht, darauf bunte Blumen, stelle darunter ein Schälchen mit brennendem Schwefel und bedecke das Ganze mit einer Glasglocke (Rezipient der Luftpumpe).

Die Blumen bleichen.

Die entstehende schweflige Säure zerstört Farbstoffe.

Versuch 74. Erhitze in einem Kochfläschchen Schwefel zum Sieden. Erhitze in einem sogenannten Phosphorlöffelchen ein Stückchen Kalium bis es brennt und tauche es in den Schwefeldampf.

Der Schwefel vereinigt sich unter blendender Lichtentwicklung mit dem Kalium.

Versuch 75. Laß 1 Teil Schwefel und 2 Teile gepulverten Antimon im Tiegel schmelzen.

Der Schwefel verbindet sich mit dem Antimon unter schwacher Feuererscheinung.

Schwefelsäure.

Versuch 76. Schütte nie Wasser in die Schwefelsäure, da das in Dampf verwandelte Wasser die Schwefelsäure umherschüttet. Schütte vielmehr Schwefelsäure in kleinen Mengen in das Wasser.

Schütte etwas Schwefelsäure in ein größeres Uhrglas, setze dieses auf die Wagschale und stelle Gleichgewicht her.

Nach kurzer Zeit ist das Gleichgewicht gestört; besonders wenn die Zimmerluft feucht ist, da die Schwefelsäure den Wasserdampf aus der Luft an sich reißt.

Versuch 77. Tauche einen Span in Schwefelsäure.

Der Span wird braun bis schwarz.

Die Schwefelsäure hat die Eigenschaft, Wasser anzuziehen; Kohlenstoff bleibt zurück.

Schwefeleisen.

Versuch 78. Mische 21 g feine, blanke Eisenfeilspäne und 12 g Schwefelblume gut durcheinander, tröpfle 3 g Wasser hinzu und erwärme die Mischung.

Die Masse erhitzt sich, das Wasser verdunstet.

Nach einiger Zeit hat sich eine schwarze Masse gebildet, FeS, Schwefeleisen.

Schwefelwasserstoff.

Versuch 79. Nimm zwei Kochfläschchen, fülle das eine mit einem doppelt durchbohrten Stopfen, durch welchen zwei Glasröhren gehen, von denen die letztere bis nahezu auf den Boden der ersten Flasche geht, und gieße in die zweite Flasche ebensoviel Schwefelsäure, als Schwefeleisen vorhanden ist.

Das Wasser in der zweiten Flasche absorbiert etwa das dreifache Volumen des Gases, der Rest verbreitet sich im Zimmer (Abzug!).

Es ist Schwefelkohlenstoff, H_2S, ein Gas, das wie faule Eier riecht.

Versuch 80. Zünde das Gas an!

Es brennt mit bläulicher Flamme.

Hebe das Gefäß mit Schwefelwasserstoffwasser auf.

Schwefelwasserstoffwasser.

Versuch 81. Tauche blaues Lackmuspapier in Schwefelwasserstoffwasser.

Es wird gerötet, also ist das Schwefelwasserstoffwasser eine Säure.

Versuch 82. Gieße einen Tropfen Schwefelwasserstoffwasser auf eine blanke Silbermünze.

Nach etwa 10 Minuten wird der Fleck braun, dann schwarz. Der Schwefel hat sich mit dem Silber verbunden.

Versuch 83. Fülle zwei Gefäße mit farblosem Glase, z. B. Probiergläser mit Trinkwasser, stelle sie auf weißes Papier, säure sie mit einigen Tropfen Salzsäure an und setze dem einen etwas Schwefelwasserstoffwasser hinzu.

Sollte das Wasser in diesem Gefäße eine dunklere Farbe annehmen, so ist das Wasser durch bleierne Röhren geleitet und hat Bleigehalt.

Phosphor.

P = 31.

Material: Standzylinder; Phosphor; siedendes Wasser; Glasrohr; Sauerstoff; flache Schale; Wasser; Probierglas; Teelöffel; Schwefelkohlenstoff; Löschpapier; Schale; Kochfläschchen; Kalilauge; durchbohrter Kork mit Glasröhre; pneumatische Wanne; Champagnerglas; Sägespäne; Phosphorcalcium.

Versuche im Freien oder unter dem Abzug!

Phosphor.

Versuch 84. Bringe in einen Standzylinder etwas Phosphor und übergieße ihn mit siedendem Wasser. Er schmilzt zu einer syrupdicken Flüssigkeit. Leite durch ein Glasrohr Sauerstoff so in die Flüssigkeit, daß die Blasen mit dem Phosphor in Berührung kommen.

Jede Blase erzeugt eine glänzende Flamme.

Versuch 85. Lege in eine flache Schale einige Phosphorstücke, bedecke sie zum Teil mit Wasser und lasse das Ganze an der freien Luft stehen.

Nach kurzer Zeit zeigt sich ein dicker, weißer Rauch. Da er schwerer wie Luft ist, sinkt er zurück und mischt sich mit dem Wasser.

Versuch 86. Wirf ein Stückchen kristallinischen (gelben) Phosphor in ein Probierglas und übergieße es mit einem Teelöffel voll Schwefelkohlenstoff.

Der Phosphor löst sich bald auf.

Gieße die Lösung auf weiches Löschpapier, das locker über eine Schale gelegt ist.

Der Schwefelkohlenstoff verdunstet, Phosphor entzündet sich.

Versuch 87. Schreibe mit Phosphor im Dunkeln einen Namen auf die Tafel.

Der Phosphor leuchtet.

Phosphorwasserstoff.

Versuch 88. Fülle ein kleines, etwa 60 ccm fassendes Kochfläschchen $^3/_4$ voll stark konzentrierter Kalilauge, lege einige Stückchen Phosphor hinein, erwärme gelinde.

Bald entwickelt sich ein Gas, welches an der Mündung der Flasche brennt. Verstopfe die Öffnung mit einem durchbohrten Kork, in welchen eine Glasröhre geht. Leite letztere in die pneumatische Wanne.

$$4P + 3H_2O = H_3P + 3KH_2PO_2.$$

Phosphor + Wasser = Phosphorwasserstoff + unterphosphorsaures Kalium.

Die aus der pneumatischen Wanne tretenden Gasblasen entzünden sich von selbst und steigen als spiralisch gewundene Ringe in die Höhe.

Versuch 89. Fülle ein Champagnerglas $^2/_3$ mit Wasser, streue eine 1 cm dicke Schicht trockner Späne darauf und wirf einige Stückchen Phosphorcalcium darauf.

Es entstehen schöne Rauchringe.

Kohlenstoff.

C = 12.

Material: Porzellantiegel mit Deckel; Sägespäne und Holzstückchen; gepulverte Tierkohle; Trichter; Filtrierpapier; Pflanzenfarbstoff; Rohrzucker; Reagenzglas; geschmolzenes Eisen; Porzellanschale; Terpentin; Glaszylinder; Quecksilber; Ammoniakgas; Holzkohle; gewöhnlicher Spiritus; Medizinglas; Kalkwasser; Probierglas; Glasröhre; Kerze; zwei Standzylinder; eiserne Flasche mit flüssiger Kohlensäure; Säckchen; Äther; Kältethermometer; Quecksilber; Blume; kleine Kartoffel; ein Stückchen Gummischlauch; Hammer.

Darstellung von Kohlenstoff.

Versuch 90. Fülle einen Porzellantiegel ganz mit Sägespänen und Holzstückchen voll, verschließe fest mit einem Deckel, erhitze anfangs langsam, später stärker.

Es entwickeln sich dicke Rauchwolken, welche sich bald entzünden.

Der Rückstand im Tiegel ist eine lockere, kohlige Masse.

Absorptionsfähigkeit der Kohle.

Versuch 91. Glühe grob gepulverte Tierkohle gehörig aus, lasse sie in dem bedeckten Tiegel erkalten, schütte sie in einen mit Filtrierpapier ausgelegten Trichter und gieße die Lösung eines Pflanzenfarbstoffes darauf.

Die durchgelaufene Flüssigkeit ist entfärbt.

Versuch 92. Fülle einen Glaszylinder über Quecksilber mit Ammonikgas und bringe in den Zylinder ein Stückchen frisch geglühte Holzkohle.

Das Gas wird von der Kohle absorbiert, da die Kohle porös ist.

Versuch 93. Schüttle gewöhnlichen Spiritus, welcher nach Fuselöl riecht, mit frisch geglühter und gepulverter Holzkohle und lasse ihn einige Zeit stehen.

Der Spiritus wird gereinigt und verliert den üblen Geruch, da die Kohle auch flüssige Körper absorbiert.

Versuch 94. Fülle in einen Trichter, welcher mit Fließpapier ausgelegt ist, geglühte Tierkohle und filtriere Wasser, welches mit einem Tropfen Schwefelammon übelriechend gemacht wurde und durch Lackmus gefärbt wurde.

Das Wasser fließt klar und geruchlos ab.

Reiner Kohlenstoff.

Versuch 95. Erhitze Rohrzucker $C_{12}H_{22}O_{11}$ in einem Reagenzglas bis keine Dämpfe mehr entweichen.

Es bleibt als festes Zersetzungsprodukt eine schwarze, amorphe Kohle zurück, die fast reiner Kohlenstoff ist, da das Wasser aus der Verbindung verdampft.

Versuch 96. Tauche die Zuckerkohle in geschmolzenes Eisen.

Beim Erkalten scheiden sich blättrige Graphitkristalle oder sehr kleine rundliche Diamantkristalle aus.

Die Zuckerkohle löst sich im Eisen auf; bei langsamem Erkalten entstehen Graphitkristalle, bei schnellem Diamantkristalle.

Versuch 97. Halte eine abgekühlte Porzellanschale in eine Terpentinflamme.

An der Schale scheidet sich Ruß ab, da die Flamme reich an Kohlenstoff ist.

Versuch 98. Zünde ein Stückchen Holz an.

Es verbrennt unter Zurücklassung einer kleinen Menge Asche.

Die Aschenteilchen sind unverbrennlich.

Kohlensäure.

Versuch 99. Wirf einige Marmorstückchen oder Kalksteinstückchen in den mittleren Teil der Kippschen Flasche, verstopfe mit einem durchbohrten Kork oder Glasstopfen und gieße von oben verdünnte Salzsäure hinzu,

$$CaCO_3 + 2\,HCl = CaCl_2 + CO_2$$

Marmor + Salzsäure = Chlorcalcium + Kohlensäure.

Versuch 100. Wirf Sodastückchen in den mittleren Teil der Kippschen Flasche und gieße von oben verdünnte Schwefelsäure hinzu.

$$Na_2CO_3 + H_2SO_4 = Na_2SO_4 + H_2O + CO_2$$

Soda + Schwefelsäure = Natriumsulfat + Wasser + Kohlensäure.

Im letzeren Falle erhält man absolut reines Gas.

Versuch 101. Stelle ein Becherglas auf eine Wagschale und stelle Gleichgewicht her.

Fülle es sodann mit Kohlensäure.

Die Wagschale sinkt, da Kohlensäure schwerer als Luft ist.

Versuch 102. Leite Kohlensäure in ein Medizinglas, das zu einem Drittel mit Wasser gefüllt ist. Setze sodann den Daumen auf die Mündung und schüttle tüchtig. Halte das Glas gerade nach unten.

Es bleibt am Daumen hängen, da das Wasser die Kohlensäure absorbiert hat, wodurch ein luftverdünnter Raum erzeugt wurde.

Versuch 103. Gieße helles Kalkwasser in ein Probierglas und setze tropfenweise kohlensäurehaltiges Wasser hinzu.

Das Kalkwasser trübt sich. Der im Wasser gelöste Kalk $Ca(OH)_2$ tauscht Ca gegen 2 H der Kohlensäure H_2CO_3 aus und wird zu kohlensaurem Kalk $CaCO_3$.

Versuch 104. Fülle ein Glas zur Hälfte mit klarem Kalkwasser und blase durch eine Glasröhre Luft in das Wasser.

Es tritt Trübung ein, da die ausgeatmete Luft Kohlensäure enthält.

Versuch 105. Stelle eine brennende Kerze in einen kleinen Standzylinder und leite Kohlensäure hinein.

Die Kerze erlischt, da das Licht nur brennen kann, wenn Sauerstoff vorhanden ist.

Versuch 106. Entleere den Standzylinder, zünde die Kerze wieder an, fülle einen zweiten Standzylinder mit Kohlensäure und gieße letztere in den ersten Standzylinder.

Die Kerze erlischt wieder. Die Kohlensäure läßt sich vermöge ihrer Schwere wie Wasser umgießen.

Versuch 107. Lege eine der käuflichen, mit flüssiger Kohlensäure gefüllten Eisenflaschen so auf den Experimentiertisch, daß der Hahn nach unten steht, öffne diesen, und halte ein Säckchen, etwa von der Dimension 30 : 25, an ihn.

Der Sack füllt sich mit schneeartigem Kohlendioxyd, welches man zur Herstellung von Kältemischungen gebrauchen kann.

Versuch 108. Mische das schneeartige Kohlendioxyd mit Äther und prüfe die Temperatur mit einem Kältethermometer.

Versuch 109. Gieße etwas Quecksilber in die Mischung und hole dieses wieder heraus.

Das Quecksilber ist erstarrt und hämmerbar.

Versuch 110. Wirf eine Blume, ein Stückchen Gummischlauch und eine kleine Kartoffel in die Mischung.

Sämtliche Stücke zerspringen beim Hämmern wie Glas.

Silicium.

Si = 28.

Material: Kristallisiertes Silicium; Sauerstoff; amorphes Silicium; Wasserglas; Wasser; verdünnte Schwefelsäure; Salzsäure; Probierglas.

Versuch 111. Versuche kristallisiertes Silicium in Sauerstoff zu verbrennen.

Kristallisiertes Silicium ist unverbrennlich.

Versuch 112. Verbrenne amorphes Silicium.

Amorphes Silicium ist leicht entzündlich, verbrennt aber nur unvollständig zu Kieselsäure.

Versuch 113. Verdünne Wasserglas (kieselsaures Kali oder Natron) mit etwas Wasser und mit verdünnter Schwefelsäure.

Die Flüssigkeit wird zu einer Gallerte. Nach längerer Zeit setzt sich ein weißlicher, durchscheinender Niederschlag von Kieselsäure H_4SiO_4 ab.

Versuch 114. Übergieße in einem Probierglase einige Tropfen der dickflüssigen Wasserglaslösung mit wenig Salzsäure.

Die Masse erstarrt sofort zu gallertartiger Kieselsäure.

Kalium.

K = 39.

Material: Kaliumstückchen; Löschpapier; Schüssel mit Wasser; Lackmuspapier; flaches Schälchen; Gasflamme; destilliertes Wasser; Standzylinder; Kohlensäure; Phosphorlöffelchen; Ballonflasche; Becherglas; Schwefel; Schwefeldampf; Thermometer; Kalisalpeter; Platindraht; Retorte; Schwefelsäure; Vorlage; Salpetersäure; Salpeter; Holzkohle; pulverisierte Kohle; Kaliumkarbonat; Sägespäne; Silbermünze; Wasser; gelöschter Kalk; Heber; eiserner Kessel; Silbertiegel; Alkohol; Ätzkali; Rizinusöl; heißes Wasser;

Porzellanschale; Pottasche; Bunsenflamme; Salzsäure; Kerze; kohlensaures Kalium; Kaliumchlorat; Reibschale; Pistill; Schwefelblumen; salpetersaures Strontium; chlorsaures Kali; Borsäure.

Eigenschaften.

Versuch 115. Wirf ein Stückchen Kalium, nachdem es mit Löschpapier gut getrocknet ist, auf Wasser.

Untersuche nach dem Verschwinden die Flüssigkeit mit Lackmuspapier.

Versuch 116. Bringe in ein flaches Schälchen dünne Blättchen geschnittenes Kalium und setze es der Luft aus.

Versuch 117. Erhitze ein Stück Kalium in einem Schälchen über der Flamme, bis es mit leuchtender Flamme brennt.

Versuch 118. Verdünne die ölige Flüssigkeit, die du nach Versuch 116 gewonnen hast, mit destillertem Wasser; Untersuche dieselbe mit Lackmuspapier.

Versuch 119. Bringe in einen mit Kohlensäure gefüllten Standzylinder ein Stückchen Kalium.

Kalium ist ein kräftiges Reduktionsmittel; es entzieht sauerstoffhaltigen Gasen, wie z. B. CO_2, den Sauerstoff.

Versuch 120. Erhitze ein Stück Kalium in einem eisernen Löffelchen und bringe es schnell in eine mit Chlorgas Ballonflasche, sobald das Kalium zu brennen anfängt. Verschließe die Öffnung der Flasche.

Versuch 121. Bringe in einem Becherglase Schwefel zum Sieden. Erhitze sodann auf einem Eisenlöffelchen ein Stückchen Kalium bis es brennt. Tauche das brennende Kalium in den Schwefeldampf.

Versuch 122. Bestimme die Temperatur von 100 g Wasser. Löse sodann darin 25 g KCl (Chlorkalium) auf und bestimme die Temperatur der Lösung.

Versuch 123. Erhitze Kaliumsalpeter mit metallischem Kalium, um Kaliumoxyd zu erhalten.

Kalisalpeter.

Versuch 124. Bringe auf einem Platindraht etwas Kalisalpeter in die nichtleuchtende Bunsenflamme.

Die Kalisalze haben violettes Licht.

Versuch 125. Bringe, um die in Kalisalpeter enthaltene Salpetersäure HNO_3 zu erhalten, das Salz in eine Retorte und übergieße es mit Schwefelsäure. Erhitze den Inhalt der Retorte und verdichte in einer mit fließendem Wasser abgekühlten Vorlage die durch das Erwärmen entstehenden gelblichen Gase zur Salpetersäure.

Versuch 126. Bringe in einem Reagenzgläschen Salpeter zum Schmelzen, wirf ein Stückchen Holzkohle hinein und erwärme weiter.

Der entweichende Sauerstoff bringt die Kohle zum lebhaften Glühen.

Versuch 127. Nimm zur Herstellung von Schießpulver 1 Teil Schwefel, 1 Teil Kohle und 6 Teile Salpeter, pulverisiere die einzelnen Bestandteile und vermische sie.

Kaliumcarbonat.

Versuch 128. Mische 3 g Salpeter, 2 g trocknes Kaliumcarbonat und 1 g Schwefel. Erhitze dieses Pulver in einem eisernen Löffel! Knallpulver!

Versuch 129. Menge 12 g Salpeter, 4 g Schwefel und 4 g Sägespäne. Fülle die Mischung in eine Nußschale, drücke eine Silber- oder Kupfermünze hinein und entzünde es.

Schnellfluß! Baumé!

Kaliumhydroxyd KHO.

Versuch 130. Zur Darstellung des Kaliumhydroxyds löse 100 g Kaliumcarbonat in 1 Liter Wasser auf, erhitze die Mischung und bringe allmählich gelöschten Kalk hinzu. Lasse die Lösung sich klären und ziehe mit einem Heber die klare Flüssigkeit (Kalilauge) ab, verdampfe sie rasch in einem eisernen Kessel und schmelze den Rückstand in einem Silbertiegel. Soll das Kaliumhydroxyd weiter gereinigt werden, so löse es in Alkohol und dampfe es nochmals ein.

Versuch 131. Löse Kali causticum (Ätzkali) in gleichem Gewicht Wasser auf und beobachte die Temperatursteigerung.

Seife.

Versuch 132. Zur Bereitung von Seife (Schmierseife, Kaliseife) koche in einem Reagenzgläschen ungefähr 1 ccm Ätzkali in einer Mischung von etwa 20 ccm Wasser und etwas mehr Rizinusöl. Nach der Bildung des Seifenleims koche weiter, bis durch Verdampfen des Wassers die Seife gallertartig ist.

Kaliumcarbonat.

Versuch 133. Lauge reine Holzasche aus, indem du dieselbe in ein Filter von Fließpapier bringst und nach und nach heißes Wasser darüber schüttest. Untersuche die abgelaufene Flüssigkeit mit Lackmuspapier und stampfe sie in einer Porzellanschale ein. Glühe das so gewonnene Salz bis es heller wird. Rohe Pottasche.

Versuch 134, Löse Pottasche im Wasser auf, benetze zwei Fingerspitzen und reibe die feuchten Finger aneinander.

Versuch 135. Bringe auf einem ausgeglühten Platindraht ein Körnchen Pottasche in die Bunsenflamme.

Versuch 136. Übergieße in einem Standzylinder Pottasche mit Salzsäure und tauche eine brennende Kerze ein.

Der Zylinder hat sich mit CO_2 gefüllt, da die stärkere Salzsäure die schwächere Kohlensäure aus ihrer Verbindung treibt.

Versuch 137. Zur Bestimmung des Siedepunktes einer gesättigten Pottaschelösung bringe etwa 150 g Wasser in einer Porzellanschale zum Sieden und füge die halbe Gewichtsmenge kohlensaures Kalium hinzu. Beobachte das eingetauchte Thermometer, bis keine Temperatursteigung mehr stattfindet.

Kaliumchlorat $KClO_3$.

(Die Versuche mit Kaliumchlorat dürfen wegen der heftigen explosiven Wirkungen nur unter Beobachtung von Vorsichtsmaßregeln veranstaltet werden.)

Versuch 138. Verreibe in einer rauhen Reibschale etwa $^1/_2$ g Schwefel so, daß der Schwefel an der Wand haftet. Füge sodann eine kleine Messerspitze voll chlorsaurem Kali hinzu, verteile dieses durch Schütteln in der Schale und drücke das Pistill kräftig auf. Stößt hierbei ein Schwefelkörnchen mit einem Chloratkriställchen zusammen, so erfolgt eine peitschenknallähnliche Explosion.

Feuerwerk.

Versuch 139. Um lebhaft gefärbte Flammen zu erhalten, nimm zur Darstellung der roten Flamme 3 g chlorsaures Kalium, 7 g Schwefel, 1 g Kohle, 22 g salpetersaures Strontium; zur Darstellung der grünen Flamme 24 g chlorsaures Kali, 6 g Schwefel, 3 g Borsäure; zur Darstellung der gelben Flamme 20 g chlorsaures Kali, 5 g Schwefel, 8 g trockne Soda; zur Darstellung der violetten Flamme 20 g chlorsaures Kali, 5 g Schwefel, 4 g geglühten Alaun, 4 g kohlensaures Kalium.

Versuch 140. Mische mit einer Federfahne in einem Porzellanschälchen $^1/_{10}$ g Kaliumchlorat mit der gleichen Gewichtsmenge Zuckerpulver und lasse vorsichtig einen Tropfen konzentrierte Schwefelsäure auf die Mischung fallen.

Versuch 141. Fülle einen Standzylinder mit Wasser, schütte etwa 4 g chlorsaures Kali hinein, wirf ein Stückchen Phosphor von der Größe einer Bohne zum Salze, tauche eine mit etwas Schwefelsäure gefüllte Pinzette oder eine Glasröhre in die Flüssigkeit und lasse einige Tropfen Schwefelsäure auf das Salz fallen. — Der Phorphor verbrennt mit glänzendem Lichte unter Wasser.

Natrium.

Na = 23.

Material: Fließpapier; Natrium; Wasser; Schüssel mit warmem Wasser; Standzylinder; spitzer Draht; Schwefelblume; Tiegel; Lackmuspapier; Becherglas; Eisenlöffelchen; Kochsalz; Schnee; Schwefelsäure.

Eigenschaften.

Versuch 142. Wirf ein mit Fließpapier gut getrocknetes Stück Natrium auf Wasser und entzünde den emporsteigenden Wasserstoff. Vorsicht!

Der Wasserstoff entzündet sich nicht von selbst, da die sich entwickelnde Wärme die Entzündungstemperatur des Wasserstoffs nicht erreicht. Die an sich schwache bläuliche Flamme des Wasserstoffs wird durch das Natrium gelb gefärbt. Die Reaktion ist häufig von einer kleinen Explosion begleitet, da zuweilen die Metalle etwas flüchtiges Petroleum in sich schließen, das durch plötzliche Dampfentwicklung die Natriumteilchen auseinander sprengt.

Versuch 143. Wiederhole vorstehenden Versuch mit warmem Wasser.

Der frei werdende Wasserstoff entzündet sich jetzt von selbst. Kaltes Wasser nimmt einen größeren Teil der sich entwickelnden Wärme auf als warmes. Die Wärmeentwicklung des Natriums auf Wasser reicht jetzt hin, den Wasserstoff zu entzünden.

Versuch 144. Wirf ein Stückchen gut getrocknetes Natrium auf ein auf dem Wasser schwimmendes Fließpapier.

Der Wasserstoff entzündet sich auch hier von selbst, da das Natrium nur mit einer sehr kleinen Wassermenge in Berührung kommt, die bald erwärmt wird.

Versuch 145. Stelle einen mit Wasser gefüllten Standzylinder umgekehrt in Wasser, bringe ein gut gereinigtes Stückchen Na von Erbsengröße mit Hilfe eines spitzen Drahtes so unter ihn, daß es im Zylinder aufsteigen kann.

Das Na schwimmt auf der Oberfläche des H_2O. Der sich entwickelnde H verdrängt das H_2O im Zylinder.

Nachweis des H durch Anzünden.

Versuch 146. Wiederhole Versuch 116 und 117, doch nimm statt Kalium Natrium.

Versuch 147. Wiederhole Versuch 121 mit Na.

Versuch 148. Mische Natriumteilchen mit Schwefelblume und erwärme sie vorsichtig in einem Tiegel.

Die Vereinigung beider Stoffe vollzieht sich unter Feuererscheinung.

Versuch 149. Wiederhole Versuch 120 mit Na.

Die Vereinigung beider Elemente geht unter Feuererscheinung vor sich. Das Produkt des chemischen Vorgangs ist eine durch das Eisen braungefärbte Masse, welche sich leicht in Wasser löst.

Verunreinigtes Kochsalz.

Versuch 150. Mische 1 Teil Kochsalz mit 3 Teilen Schnee. Kältemischung! Das Salz löst sich im Schnee und entzieht die hierzu nötige Wärme seiner Umgebung, also dem Schnee, dessen Temperatur dadurch bis etwa -21^0 sinkt.

Versuch 151. Löse Kochsalz NaCl in Wasser und gieße Schwefelsäure zu. Dampfe die Flüssigkeit ein.

Das neuentstandene Salz ist Glaubersalz, erkennbar an seinem unangenehm bitteren und salzigen Geschmack.

$$2\,NaCl + H_2SO_4 + aq = Na_2SO_4 + 2\,HCl + aq$$

Salz + Schwefelsäure + Wasser = Natriumsulfat + Salzsäure + Wasser.

Ammonium.

NH_4.

Material: zwei Standzylinder; Salmiakgeist; zwei Glasplatten; Salzsäure; Salmiak; gelöschter Kalk; Porzellanschale; Glasstab; salpetersaures Ammoniak; Wasser; blaues Tuch.

Versuch 152. Schwenke einen Standzylinder mit Salmiakgeist aus und bedecke ihn dann mit einer Glasplatte, behandle ebenso einen zweiten Zylinder mit Salzsäure, bedecke ihn auch mit einer Glasplatte, setze ihn umgekehrt auf den ersten Zylinder und ziehe beide Platten weg.

In den Zylindern bilden sich dicke weiße Nebel, die sich nach einiger Zeit als schneeartige Masse an den Wänden absetzen.

$$NH_3 + HCl = NH_3HCl$$

Ammoniak + Salzsäure = Salmiak.

Versuch 153. Zerreibe Salmiak mit gelöschtem Kalk in einer Porzellanschale. Befeuchte einen Glasstab mit Salzsäure und halte ihn über die zerriebene Mischung.

Das entstehende Ammoniakgas hat einen stechenden Geruch.

Versuch 154. Tröpfle einige Tropfen Schwefelsäure auf blaues Tuch. Es wird rot und nach einiger Zeit mürbe. Wiederhole den Versuch und gieße hierauf mehrere Tropfen Ammoniak auf die Stelle.

Die rote Stelle verschwindet, das Tuch wird wieder blau.

Ammoniak ist eine Basis für Schwefelsäure.

$$2\,NH_3 + H_2SO = (NH_4)_2SO_4$$

Ammoniak + Schwefelsäure = Ammoniumsulfat.

Versuch 155. Kältemischung: Nimm einen Teil salpetersaures Ammoniak und einen Teil Wasser.

Die Temperatur der Mischung sinkt bis -15°.

Erklärung: Siehe Versuch 148.

Calcium.

$Ca = 40.$

Material: Gebrannter Kalk CaO; Wasser; Kalkstein; Chlorcalcium; Schnee; chlorsaures Kali; Schwefelblume; Platintiegel oder Bleitiegel; Flußspat; Schwefelsäure; Glasscheibe; gebrannter Gips; zwei Standzylinder; Chlorkalk; Blumen; Stoffläppchen; Salzsäure; Marmor; Kreide; Leinwand; Gasflamme.

Gelöschter Kalk.

Versuch 156. Übergieße 56 g gebrannten Kalk CaO mit 18 g Wasser. Ist der Kalkstein nicht rein (magerer Kalk), so ist weniger Wasser nötig.

Nach kurzer Zeit wird der Kalk heiß, quillt auf und zerfällt zu feinem, weißen Pulver. Gelöschter Kalk.

$$CaO + H_2O = CaO_2H_2 \text{ (gelöschter Kalk),}$$
$$\underbrace{40 + 16}_{56} + \underbrace{16 + 2}_{18} = \text{Kaliumhydroxyd, Ätzkalk.}$$

Calciumcarbonat $CaCO_3$.

Versuch 157. Wiege ein Stück Kalkstein ($CaCO_3$) oder Kreide, oder Marmor, erhitze es und bestimme den Gewichtsverlust.

Erreicht die Wärme längere Zeit wenigstens 812°, so erhält man gebrannten Kalk. Die Kohlensäure wird ausgetrieben.

$$CaCO_3 = CaO + CO_2 .$$

Chlorcalcium.

Versuch 158. Mische 3 Teile Chlorcalcium (Calciumchlorid) mit 2 Teilen Schnee und bestimme die Temperatur dieser Kältemischung.

Die Temperatur sinkt bis etwa — 48°.

Versuch 159. Bengalisches Feuer (rosa). Mische 20 g chlorsaures Kali mit 5 g Schwefelblumen und 8 g Chlorcalcium.

Fluorcalcium.

Versuch 160. Übergieße in einem kleinen Platin- oder Bleitiegel Flußspat ($CaFl_2$) mit etwas Schwefelsäure und rühre die Masse zu einem dicken Brei an. Überziehe eine gereinigte Glasscheibe mit einer dünnen, aus Wachs und Mastix bestehenden Schicht, schreibe auf die Schicht einen Namen, so daß jeder Schriftzug das Glas bloßlegt und bedecke den Tiegel mit der Scheibe. Erwärme den Tiegel mäßig und lasse ihn etwa 5 Minuten bedeckt.

Der entweichende Fluorwasserstoff ätzt das bloßliegende Glas.

$$CaFl_2 + H_2SO_4 = CaSO_4 + 2\,HFl.$$

Flußsäure ist eine wäßrige Lösung von Fluorwasserstoff HFl.

Gips-Calciumsulfat.

Versuch 161. Rühre gebrannten Gips ($CaSO_4 + H_2O$) mit Wasser zu einem dicken Brei.

Die Masse wird nach kurzer Zeit steinhart (Eingipsen, Gipsabgüsse), da sich zahllose Kristallnadeln ausscheiden und zu einer festen Masse miteinander verwachsen.

Chlorkalk $Ca(ClO)_2 + CaCl_2$.

Versuch 162. Fülle zwei Standzylinder mit Chlorkalklösung, bringe in beide einige Blumen und einige Läppchen buntes Kattun und gieße in einen der Zylinder etwas Salzsäure.

Die zweite Lösung vernichtet sofort die Farbe, während die erste dieselbe Wirkung erst nach einiger Zeit erzielt.

Das freiwerdende Chlor wirkt bleichend.

$$Ca(ClO)_2 + CaCl_2 + 4\,HCl = 2\,CaCl_2 + 2\,H_2O + 4\,Cl$$

Unterchlorige + Chlor- + Salz- = Chlor- + Wasser + Chlor.
Säure calcium säure calcium

Die unterchlorige Säure ist eine sehr schwache Säure. Sie wird deshalb schon von der Kohlensäure der Luft frei.

Kalk $CaCO_3$.

Versuch 163. Laß auf Kalkstein (oder Marmor, oder Kreide) einige Tropfen Salzsäure fallen.

Man beobachtet ein Aufbrausen, da die Kohlensäure CO_2 im Kalkstein ($CaCO_3$) von der stärkeren Salzsäure (HCl) vertrieben wird.

$$CaCO_3 + 2\,HCl = CaCl_2 + H_2O + CO_2.$$

Versuch 164. Wiederhole den Versuch mit frisch gebranntem Kalk (CaO).

Es ist kein Aufbrausen bemerkbar.

Versuch 165. Untersuche wie bei Versuch 162 ein Stück Kalk aus einer Mauer.

Der bei Mauern verwendete gelöschte Kalk $Ca(OH)_2$ hat sich wieder mit der CO_2 der Luft zu Calciumcarbonat verbunden.

$$Ca(OH)_2 + CO_2 = CaCO_3 + H_2O.$$

Versuch 166. Wickle gut gebrannten Kalk in Leinwand oder Papier und lasse ihn mehrere Tage liegen.

Der gebrannte Kalk wirkt ätzend auf organische Stoffe; er zerlegt die Umhüllung, da er ein starkes Bestreben hat, sich mit Wasser oder Säuren zu verbinden.

Versuch 167. Kalkwasser: Löse 1 Teil gelöschten Kalk in 800 Teilen Wasser. Die Flüssigkeit ist klar.

Versuch 168. Koche das klare Kalkwasser.

Die Hälfte des Kalkes scheidet sich aus, da dieser in kaltem Wasser doppelt so löslich als im warmen ist.

Versuch 169. Löse einen Löffel voll Chlorkalk in einem Liter Wasser, schütte das Klare der Lösung ab, laß ein vergilbtes Stück Leinwand etwa eine Stunde lang darin liegen und wasche den Stoff aus.

Die Leinwand wird weißer werden. Bleichmittel. Ist die Lösung zu stark, so werden auch die Fasern angegriffen. $Ca(ClO)_2$ verwandelt sich in $CaCl_2$, die 2O wirken viel energischer oxydierend als schon freier O.

Man erklärt diese Erscheinung mit der Annahme, daß hierbei freie Atome zur Wirkung kommen, während in dem freien Sauerstoff Moleküle wirken, deren Wirkung durch die Kraft, mit welcher die Atome aneinander lagern, vermindert wird.

Magnesium.

Mg = 24.

Material: Magnesiumdraht; Gasflamme; Glaskolben; Schwefel; Magnesiumoxyd; Lackmuspapier; Magnesiumpulver; chlorsaures Kali; Stange; Kerze.

Versuch 170. Zünde ein Stück Magnesiumdraht an und halte den hell leuchtenden Draht vor eine Gasflamme.

Die Gasflamme wirft einen Schatten, da das Magnesiumlicht eine weit größere Leuchtkraft besitzt.

Versuch 171. Erhitze in einem Glaskolben Schwefel bis er siedet und halte in den Schwefeldampf brennendes Magnesium.

Der Magnesiumdraht verbrennt mit lebhaftem Glanze. Das Verbrennungsprodukt ist Schwefelmagnesium, eine weißliche, lockere Masse (MgS).

Versuch 172. Bringe frisches Magnesiumoxyd (MgO) auf feuchtes, rotes Lackmuspapier.

Das Lackmuspapier wird blau, da MgO eine Base ist.

Versuch 173. Löse kohlensaures Magnesium in Salzsäure auf.

Es entsteht Chlormagnesium $MgCl_2$, ein Begleiter des Kochsalzes.

Blitzlicht.

Versuch 174. Mische vorsichtig mit einer Feder unter Vermeidung von Druck und Reibung 1 g Magnesiumpulver mit 2 Teilen chlorsaurem Kalium und entzünde mit Hilfe einer an einer langen Stange befestigten brennenden Kerze die Mischung.

Kohlensaures Magnesium.

Versuch 751. Löse 15 g Bittersalz ($MgSO_4$) in 120 g kaltem Wasser auf und 18 g Soda ($Na_2CO_3 + 10 H_2O$) in warmem Wasser; lasse es erkalten und gieße es nach und nach unter Umrühren zum ersteren.

Die Metalle tauschen sich aus, es entsteht Glaubersalz $Na_2SO_4 + 10 H_2O$ und kohlensaures Magnesium, das sich als Niederschlag ausscheidet. Filtriere diesen, wasche und trockne ihn.

Mittel gegen Sodbrennen. Die Säure im Magen treibt die Kohlensäure aus der Magnesia und wird durch die Magnesia als Basis neutralisiert.

Aluminium.

$Al = 27.$

Material: Weißer Ton; Lappen mit Fettfleck; Lehm; Wasser.

Ton $(Al_2SiO_2)_3$.

Versuch 176. Bereite einen Brei aus weißem Ton und Wasser und bestreiche damit einen Fettfleck auf einem

Lappen, laß diesen trocknen und reibe nachher den Ton heraus.

Der Fettfleck ist verschwunden, ohne daß das Tuch dabei gelitten hat.

Lehm.

Versuch 177. Knete aus feuchtem Lehm einen Napf und gieße Wasser hinein. Das Wasser sickert nicht hindurch.

Versuch 178. Trockne Lehm auf dem Ofen, wiege ihn genau und wiederhole die Wägung nach einigen Tagen.

Der Lehm hat an Gewicht zugenommen, da er Stoffe aus der Luft absorbiert.

Zink.

Zn = 65,4.

Material: Zinkstücke; Thermometer mit Gradeinteilung über 200°; Zinkblech; Wasser; Zinkspäne; Bunsenflamme; Chlorgas; Zinkoxyd; Becherglas; konzentrierte Schwefelsäure; konzentrierte Kupfervitriollösung; Bleizucker; konzentrierte Essigsäure; Standzylinder; Kohle; Lötrohr; Kobaltnitratlösung.

Zink.

Versuch 179. Versuche ein Stück Zink zu hämmern.

Zink ist bei gewöhnlicher Temperatur spröde. Es läßt sich leicht brechen, aber nicht hämmern.

Versuch 180. Erwärme Zink und wiederhole Versuch 177.

Auf 100—150° erhitzt wird Zink dehnbar, über 200° aber wieder spröde.

Versuch 181. Feile zwei Stücke Zinkblech blank, befeuchte das eine mit Wasser und lasse beide längere Zeit an der Luft liegen.

Das befeuchtete Zinkblech oxydiert, während das nicht befeuchtete ziemlich luftbeständig ist.

Zinkoxyd.

Versuch 182. Verbrenne Zinkspäne in der Bunsenflamme.

Die Späne verbrennen mit blendendem Licht zu Zinkoxyd ZnO.

Chlorzink.

Versuch 183. Bringe dünne Zinkspäne in Chlorgas.

Die Späne verbrennen mit weißem Licht zu Chlorzink $ZnCl_2$.

Versuch 184. Gieße auf 30 g Zinkoxyd in einem Becherglas 200 ccm Wasser und ebensoviel konzentrierte Schwefelsäure.

Beim Erkalten scheidet sich Zinkoxyd in weißen Kristallen aus.

$$ZnO + H_2SO_4 = ZnSO_4 + H_2O .$$

Zinkoxyd + Schwefelsäure = Zinksulfat + Wasser.

Versuch 185. Lege in eine konzentrierte Kupfervitriollösung einige Stücke reines Zink.

Die blaue Flüssigkeit verliert mit der Zeit ihre Farbe. Am Boden des Gefäßes hat sich pulvriges Kupfer angesetzt; das Zink ist verbraucht worden.

$$CuSO_4 + Zn = ZnSO_4 + Cu$$

Kupfersulfat + Zink = Zinksulfat + Kupfer.

Bleizucker.

Versuch 186. Löse Bleizucker $[(CH_3CO_2)_2Pb + 3\,H_2O]$ in destilliertem Wasser und setze soviel konzentrierte Essigsäure zu, bis die Flüssigkeit klar wird. Gieße die klare Flüssigkeit in einen Standzylinder, hänge ein regelmäßig geformtes Stück Zink hinein und lasse das Gefäß mit Inhalt einige Tage ruhig stehen.

Um das Zink bilden sich Metallblättchen, die an Größe zunehmen. Das ganze ähnelt einem großblättrigen hängenden Baumzweig.

Edlere Metalle werden durch unedlere gefällt. Das Blei wurde durch Zink aus seiner Lösung ausgeschieden.

Zinkoxyd.

Versuch 187. Glühe Zinkoxyd, laß es abkühlen und beobachte es in einem dunklen Raum.

Zinkoxyd wird beim Erhitzen zitronengelb, nach dem Abkühlen wieder weiß und leuchtet nach dem Glühen einige Zeit im Dunkeln.

Versuch 188. Verbrenne Zink auf Kohle vor dem Lötrohr.

Der Metalldampf verbrennt mit bläulich weißer Flamme zu weißem Zinkoxyd ZnO.

Versuch 189. Wiederhole Versuch 1 (Darstellung des H).

Erkennung der Zinkverbindungen.

Versuch 190. Erhitze eine Zinkverbindung auf Kohle vor dem Lötrohr, befeuchte den Beschlag mit Kobaltnitratlösung und erhitze weiter.

Man erhält ein grünes Pulver.

Blei.

Pb = 206.

Material: Bleistücke; eiserne Löffel; Bleisuperoxyd; Holzkohle; Bleiglätte; Kaliumchlorat; Wasser; Essig; Bleizucker; Essigsäure; Soda; Probierglas; Schwefelsäure; Zink; Wage; unglasierter Porzellantiegel; kohlensaures Blei.

Bleisuperoxyd.

Versuch 191. Schmelze ein Stück Blei in einem eisernen Löffel.

Es überzieht sich mit einer grauen Haut und wird zuletzt eine graue Masse Pb_2O.

Versuch 192. Bestreue das Bleisuperoxyd mit zerkleinerter Holzkohle und erhitze nochmals.

Es entsteht wieder metallisches Blei, da die Holzkohle beim Verbrennen den Sauerstoff dem Bleisuperoxyd entzieht.

Bleioxyd.

Versuch 193. Pulverisiere 8 g Bleiglätte und mische dieses mit 2 g pulverisiertem Kaliumchlorat. Erhitze die Mischung in einem eisernen Löffel.

Es bildet sich ein rotes Pulver.

Übergieße dieses mit Wasser, rühre tüchtig und gieße ab.

Der Rückstand ist Mennige Pb_3O_4.

$$3\,PbO + O = Pb_3O_4.$$

Bleiacetat.

Versuch 194. Übergieße pulverisierte Bleiglätte mit etwas Essig, lasse die Mischung einige Stunden stehen und rühre um.

Es entsteht Bleiacetat, Bleizucker $[Pb(C_2H_3O_2)_2 + 3\,H_2O]$. Gift!

Bleicarbonat.

Versuch 195. Löse 5 g Bleizucker auf, füge einen Tropfen Essigsäure hinzu, löse in einem anderen Gefäße etwas Soda auf und tröpfle von der Lösung 2 so lange zur Lösung 1, bis ein Niederschlag entsteht.

Der Niederschlag ist kohlensaures Blei, Bleicarbonat.

$$Pb(C_2H_3O_2)_2 + Na_2CO_3 = 2\,NaC_2H_3O_2 + PbCO_3$$

Bleiacetat + Soda = Natriumacetat + Bleicarbonat.

Bleisulfat.

Versuch 196. Füge zu einer Bleilösung in einem Probierglase einige Tropfen Schwefelsäure.

Es entsteht ein weißer Niederschlag $PbSO_4$, Bleisulfat.

Bleibaum.

Versuch 197. Löse 15 g Bleizucker in 12 mal soviel Wasser auf, wiege ein Stückchen Zink und hänge es an einem Faden in die Flüssigkeit hinein.

Auf dem Zink wachsen bald dunkle Metallblätter hervor: Bleibaum.

Versuch 198. Nimm den Blaubaum heraus, trenne Blei und Zink und bestimme den Gewichtsverlust des Zinks und das Gewicht des ausgeschiedenen Bleis.

Wenn das Zink rein war, verhalten sich beide Zahlen wie die Atomgewichte der Metalle, 65 : 207.

Darstellung von reinem Blei.

Versuch 199. Schmelze in einem unglasierten Porzellantiegel 20 g reines Cyankalium und trage in kleinen Portionen allmählich 50 g getrocknetes kohlensaures Blei in die geschmolzene Masse.

Es entsteht eine stürmische Gasentwicklung. Das Blei sammelt sich am Boden des Tiegels an.

Kupfer.

Cu = 63,6.

Material: Kupferblech; Bunsenbrenner; Kochflasche; Kupferdrahtspäne; Schwefel; elektrische Batterie; Gasableitungsvorrichtung; konzentrierte Schwefelsäure; schwer schmelzbare Röhre; Trockenflasche; Wasserstoffentwicklungsapparat; durchbohrter Kork; Glasröhrchen mit feiner Spitze;

Schwefel; Kupferoxydsalz; destilliertes Wasser; Kali; Salmiakgeist; tubulierte Retorte; Chlorentwicklungsflasche; Kupfervitriol; Tiegel; Schwefelwasserstoff; Seignettesalz; 50 prozentige Natronlauge; Stahlstück; verdünnte Schwefelsäure; verdünnte Natronlauge; steife Bürste; dünner Kupferdraht; Kupferblech.

Kupfer.

Versuch 200. Glühe ein Kupferblech!

Es überzieht sich nach dem Erhitzen mit einer schwarzen, leicht abblattbaren Haut, der Kupferasche oder dem Kupferhammerschlag.

Versuch 201. Lege längere Zeit ein Stück Kupfer in feuchte Luft (feuchte Kellerecke oder dergl.).

Der sich bildende grüne Überzug ist unter dem Namen Patina bekannt. Er enthält außer Kupfer und Sauerstoff auch Kohlensäure CO_2 und andere Bestandteile.

Versuch 202. Erhitze in dem abgesprengten Bauch eines Kochfläschchens Schwefel zum völligen Sieden und wirf erhitzte Kupferdrehspäne hinein.

Die Schwefeldämpfe verbinden sich mit dem Kupfer unter lebhaftem Glühen zu schwarzem Schwefelkupfer.

Versuch 203. Verbinde ein Stück Kupferblech mit einem positiven elektrischen Pol, tauche es in verdünnte Schwefelsäure, tauche den negativen Pol ebenfalls in die Säure und schließe den Strom.

Kupfer ist in kalter Schwefelsäure fast unlöslich, wird dagegen unter Mitwirkung des elektrischen Stromes von der Säure gelöst. Die Lösung des Kupfers zeigt sich durch das Blauwerden der Flüssigkeit.

Schwefelsaures Kupferoxyd.

Versuch 204. Erhitze in einer mit einer Gasableitungsvorrichtung versehenen Kochflasche konzentrierte Schwefelsäure und Kupferdrehspäne. Es entsteht Schwefligsäureanhydrid. Der Rückstand in der Flasche ist zum größten Teil schwefelsaures Kupferoxyd.

$$Cu + 2H_2SO_4 = CuSO_4 + 2H_2O + SO_2$$

Kupfer + Schwefelsäure = Kupfer- + Wasser + Schwefel-
sulfat dioxyd.

Reduktion von Kupferoxyd.

Versuch 205. Bringe in eine schwer schmelzbare Röhre schwarzes Kupferoxyd, verbinde das eine Ende der Röhre mit einer Trockenflasche, diese mit einem Wasserstoffentwicklungsapparat, verschließe das andere Ende mit einem durchbohrten Kork, in welchem ein kleines Glasröhrchen mit feiner Spitze steckt. Entzünde nach kurzer Zeit (zur Vermeidung von Knallgas) den an der Spitze austretenden Wasserstoff und erhitze gleichzeitig die Kupferspäne.

Das Kupferoxyd kommt bald zum Glühen, die Wasserstofflamme wird kleiner und erlischt, vor der Ausströmungsöffnung setzt sich ein wäßriger Beschlag an; CuO ist metallisches Kupfer geworden.

$$CuO + H = HO + Cu$$

Kupferoxyd + Wasserstoff.

Schwefelkupfer.

Versuch 206. Glühe Kupferoxyd mit Schwefel.

Es entsteht schwarzes Schwefelkupfer und Schwefligsäureanhydrid.

$$2CuO + 3S = 2CuS + SO_2$$

Kupferoxyd + Schwefel = Schwefelkupfer + Schwefeldioxyd.

Reagenzien für Kupfersalze.

Versuch 207. Löse Kupferoxydsalz in destilliertem Wasser und gib vorsichtig Kali (in nicht allzu konzentrierter Form) zu.

Es entsteht ein blauer, voluminöser Niederschlag.

Versuch 208. Wiederhole vorigen Versuch, nimm aber statt Kali Salmiakgeist (Ammoniakflüssigkeit).

Der Niederschlag ist blau, im Gegensatz zum vorigen Versuch aber im Überschuß des Fällungsmittel löslich.

Kupferchlorid $CuCl_2$.

Versuch 209. Erhitze in einer tubulierten Retorte feine Kupferdrehspäne, verbinde den Tubulus mit einem Trockenapparat und diesen mit einer Chlorentwicklungsflasche, verschließe den Retortenhals mit einem durchbohrten Kork, in welchem eine gebogene Glasröhre steckt und tauche diese in nicht zu konzentrierte Kalilauge! Erhitze die Retorte und leite Chlor hindurch.

Die Kupferdrehspäne kommen bei genügend hoher Temperatur zum lebhaften Glühen. Es entsteht Chlorkupfer, eine bräunliche, kristallinische, in Wasser unlösliche Masse.

Versuch 210. Laß das erhaltene Chlorkupfer längere Zeit an feuchter Luft liegen!

Es verwandelt sich in eine grüne, in Wasser lösliche Masse.

Schwefelsaures Kupfer.

Versuch 211. Erhitze Kupfervitriol in einem Tiegel.

Es verwandelt sich in wasserfreies, schwefelsaures Kupferoxyd.

Versuch 212. Erhitze 150 g kristallisiertes pulverisiertes Kupfervitriol unter beständigem Umrühren bis zur Verwandlung in weißes Pulver.

Schütte dieses nach dem Erkalten unter schnellem Umrühren in ein Gefäß, das 54 ccm Wasser enthält.

Das wasserfreie Salz geht unter starkem Erhitzen in wasserhaltiges über und nimmt seine ursprünglich blaue Farbe wieder an.

Schwefelkupfer.

Versuch 213. Leite durch eine Kupferlösung einen Schwefelwasserstoffstrom.

Der schwarze Niederschlag ist Schwefelkupfer.

Verkupfern.

Versuch 214. Mische eine Lösung von 35 g kristallisiertem Kupfervitriol mit einer Lösung von 150 g Seignettesalz und setze 80 g 50—60 prozentige Natronlauge hinzu. Gieße soviel Wasser hinzu, bis die Lösung ein Liter Volumen hat. Tauche ein Stück Stahl (oder Guß- oder Schmiedeeisen) eine Zeitlang in verdünnte Schwefelsäure, wasche es sodann mit reinem Wasser gut ab, tauche es in sehr verdünnte Natronlauge, reibe es dann mit einer steifen Bürste wiederholt ab (nicht mit den Fingern berühren) und spüle es in Wasser gut aus. Umwickle das Stahlstück mit einem dünnen Kupferdraht, welcher mit dem negativen Pol einer Batterie verbunden ist, stelle es in die Lösung und ihm als positive Elektrode ein Stück Kupferblech gegenüber.

Bald bildet sich ein Überzug aus Kupfer, dessen Dicke mit der Länge der Einwirkung zunimmt.

Der Überzug muß gut abgewaschen und getrocknet werden.

Quecksilber.

Hg = 200.

Material: Schwefel; Quecksilber; Merkurisalzlösung; Quecksilberoxyd; Quecksilberoxydulsalzlösung; Chlor; Literkolben; Zinnober (Schwefelquecksilber); zwei Retorten mit Tubulus; Gasometer; Vorlage; Gasableitungsrohr; Gefäß mit Wasser; Lackmuspapier; Quecksilberchloridlösung; blankes Kupferblech; Rhodankalium; Rhodanquecksilber; Ammoniaklösung; Oxalsäure.

Quecksilberoxyd.

Versuch 215. Versetze eine Merkurisalzlösung ($HgCl_2$) mit Kali- oder Natronlauge.

Der Niederschlag ist gelb (gelbes Quecksilberoxyd).

$$HgCl_2 + 2\,NaOH = \underbrace{Hg(OH)_2}_{HgO + H_2O} + 2\,NaCl$$

Quecksilber-chlorid (Sublimat.) + Natron-lauge = Quecksilber-oxyd + Wasser + Chlor-natrium.

Versuch 216. Setze konzentrierte Ammoniakflüssigkeit (Salmiakgeist) zu einer Quecksilberoxydlösung, sodann zu einer Quecksilberoxydulsalzlösung.

Der erste Niederschlag ist weiß, der andere schwarz.

Versuch 217. Fülle einen Literkolben mit Chlor und bringe etwas in Wasser verteiltes rotes Quecksilber hinein.

Schüttle heftig, nachdem der Kolben verschlossen ist.

Die Farbe des Chlors verschwindet; das Quecksilberoxyd wird braun.

$$2\,HgO + 4\,Cl = HgCl_2 + HgO + Cl_2O$$

$$ClO_2 + H_2O = 2\,ClHO\,.$$

Schwefelquecksilber.

Versuch 218. Rühre zu schmelzendem Schwefel das fünffache Gewicht Quecksilber bis zum Dickwerden des Schwefels.

Der Schwefel verbindet sich alsbald mit dem Quecksilber unter Feuererscheinung, heftigem Prasseln und Hinausschleudern der Masse zu Schwefelquecksilber oder Merkurisulfid HgS.

Versuch 219. Reibe in einem Mörser 1 Teil Schwefel und 5 Teile Quecksilber solange zusammen, bis man mit der Lupe keine Quecksilberkügelchen mehr erkennen kann und erwärme die Masse vorsichtig.

Quecksilber und Schwefel vereinigen sich unter schwacher Explosion.

Versuch 220. Bringe Zinnober (Schwefelquecksilber) in eine kleine Retorte mit einem Tubulus, leite durch diesen aus einem Gasometer Sauerstoff, verschließe den Hals der Retorte mit einer Vorlage, versehe den zweiten Tubulus der Vorlage mit einem Gasableitungsrohr, lasse diesen in ein Gefäß mit Wasser tauchen und erhitze mäßig.

Das Quecksilber wird bei einer schwach blauen Flamme reduziert, die Quecksilberdämpfe in der Vorlage zum Teil kondensiert, die sich bildende schweflige Säure vom Wasser größtenteils aufgenommen (Lackmusprobe.)

Chlorquecksilber.

Versuch 221. Bringe etwas Quecksilber in Chlorgas. Es verbrennt mit gelbroter Flamme zu Chlorquecksilber HgCl (Merkurochlorid, auch Kalomel genannt).

Quecksilberchlorid (Merkurichlorid), Sublimat $HgCl_2$.

Versuch 222. Stelle in eine Quecksilberchloridlösung ein blankes Stück Kupferblech.

Es bildet sich sofort ein Überzug von Quecksilber. Nach längerem Stehen finden sich am Gefäßboden Quecksilbertröpfchen. Nach dem Reiben wird der Überzug glänzen.

Versuch 223. Versetze eine Quecksilberchloridlösung mit Rhodankalium.

Der Niederschlag ist Rhodanquecksilber.

Versuch 224. Setze zu einer Auflösung von Quecksilberchlorid eine Ammoniaklösung.

Der weiße Niederschlag wird unter dem Namen weißes Präzipitat (NHgHCl) als Arzneimittel gebraucht.

Versuch 225. Versetze eine Quecksilberchloridlösung mit Oxalsäure und stelle die Flüssigkeit in direktes Sonnenlicht.

Nach kurzer Zeit scheidet sich Quecksilberchlorür HgCl in Form von perlmutterglänzenden Blättchen ab.

Rhodanquecksilber.

Versuch 226. Erhitze Rhodanquecksilber!

Rhodanquecksilber bläht sich beim Erhitzen zu wurmförmigen Gestalten, den sogenannten Pharaoschlangen, auf.

Zinn.

Sn = 118.

Material: Eiserne Löffel; Zinn; Blei; Wismut; Probierglas; Lötrohr; Kohle; Bunsenbrenner; unglasierte Blumentopfscherbe; Zinnspäne; Weinstein; kleine Kupfer- oder Messingplatte; Schale.

Versuch 227. Schmelze im eisernen Löffel 1 Teil Zinn, 1 Teil Blei, 2 Teile Wismut.

Wirf ein Stückchen der Legierung in ein Probierglas, fülle dieses mit Wasser und erhitze.

Bei lebhaftem Kochen schmilzt das Metall, da Legierungen häufig einen niedrigeren Schmelzpunkt haben als Metalle, aus dem sie entstanden sind.

Versuch 228. Erhitze mit dem Lötrohr Zinn auf Kohle.

Es bildet sich ein gelbes Pulver SnO_2, Zinnoxyd.

Versuch 229. Schmelze 1 Teil Zinn und 4 Teile Blei in kleinen Mengen mit dem Lötrohr zusammen, erhitze die Masse bis sie glühend wird, reibe das entstandene Oxyd mit etwas Borax, erhitze wieder mit dem Lötrohr und bringe das Pulver auf eine angefeuchtete Scherbe eines unglasierten Blumentopfes.

Die Scherbe wird mit Email überzogen.

Verzinnen.

Versuch 230. Koche feine Zinnspäne in einem Topfe mit gepulvertem Weinstein und Wasser, wirf eine sauber gereinigte Kupfer- oder Messingplatte hinein und koche etwa 30 Minuten lang.

Die Metallstücke werden weiß verzinnt, da Weinstein Zinn auflöst und hiernach an Kupfer oder Messing absetzt.

Regenbogenfarben.

Versuch 231. Erhitze Zinn in einer Schale. Entferne die auf dem geschmolzenen Metalle sich bildende Haut. Das blaßgelbe Häutchen, das bald entsteht, ändert bald seine Farbe in strohgelb, dunkelgelb, orange, rot, violett, blau, und zwar langsam, wenn schwach erhitzt wird, schnell, wenn stark erhitzt wird. Nach dem Abziehen der Haut erscheinen die Farben von neuem.

Eisen.

Fe = 56.

Material: Rostige Eisenfeile; Tiegel; Stricknadel und gleichdicker Eisendraht; Bunsenbrenner; Eisenblech; Blutlaugensalz; Wasser; Kochflasche; Schwefelsäure; Filter; Probierglas.

Eisenoxyd.

Versuch 232. Glühe rostige Eisenfeile im Tiegel.

Die Eisenfeile werden ziegelrot. Das Wasser in der Eisenfeile (Eisenhydroxyd) wird verdampft.

$$Fe_2(OH)_6 = Fe_2O_3 + 3\,H_2O$$

Eisenhydroxyd = Eisenoxyd + Wasser

(Stahl).

Versuch 233. Glühe eine Stricknadel und einen Eisendraht von gleicher Dicke.

Untersuche beide auf ihre Härte. Mit Hilfe einer Feile läßt sich nachweisen, daß die Stricknadel härter als das Eisen geworden ist. Benutzung des Stahls zu schneidenden Werkzeugen.

Versuch 234. Glühe ein Stück Eisenblech und bestreue das glühende Eisenblech mit pulverisiertem gelben Blutlaugensalz und tauche es schnell in Wasser.

Die Oberfläche ist sehr hart geworden (Feile!), da der Kohlenstoff des Blutlaugensalzes sich mit dem Eisen zu einer Stahlkruste verbindet.

Versuch 235. Erhitze ein Kristall des Eisenvitriols langsam im Probierglase.

Das Vitriol nimmt weiße Farbe an, 6 Moleküle Wasser werden verdampft.

Nickel.

Ni = 58,6.

Material: Kochflasche; konzentrierte Salpetersäure; Nickelgeld; Sandbad; Wasser; Ätzkalilauge.

Versuch 236. Wirf in ein Kochfläschchen, das etwa 15 g konzentrierte Salpetersäure enthält, ein gut gereinigtes Nickel-Fünfpfennigstück.

NO_2 (Stickstoffoxydul) entsteht und entweicht in roten Dämpfen.

Tröpfle nach Aufhören der Entwicklung der roten Dämpfe etwas Salpetersäure darauf, erwärme im Sandbad im Abzug bis ein feuchter Rückstand übrig bleibt und löse diesen in 100 g Wasser.

Leite in diese Mischung Schwefelwasserstoffgas (im Abzug des Laboratoriums) und erwärme mäßig.

Der entstandene Niederschlag ist Schwefelkupfer, da die Nickelmünzen aus Nickel und Kupfer zusammengesetzt sind.

Filtriere diesen Niederschlag und füge Ätzkalilösung hinzu bis eine basische Reaktion eintritt.

Der apfelgrüne Niederschlag ist Nickelhydroxul $Ni(OH)_2$. Erkennungsmittel der Nickelverbindungen ist der Niederschlag mit Ammoniak, der sich im Überschuß mit hellblauer Farbe löst.

Silber.

Ag = 108.

Material: Höllenstein; destilliertes Wasser; chromsaures Kali; Quecksilber; Glasplatte; Bunsenbrenner; Silberoxyd; Reagenzgläser; Salzsäure; Ammoniak; Papier; Kupferblech; Glasstab; Weingeist; Kaliumdichromat; Salpetersäure; Salmiakgeist; Seignettesalz; Kandiszucker; Schwefelleber; Schwefelwasserstoff.

Silbernitrat.

Versuch 237. Löse etwas Höllenstein (Silbernitrat) in destilliertem Wasser auf und füge einige Tropfen chromsaures Kali hinzu.

Der sich bildende blutrote Niederschlag besteht aus chromsaurem Silberoxyd.

Versuch 238. Bringe in eine konzentrierte Lösung von Silbernitrat einen Quecksilbertropfen.

Der Tropfen erhält kristallinisches Aussehen, wächst und geht allmählich in schwammiges Buschwerk von grauweißer Farbe über (Dianenbaum).

Versuch 239. Gieße etwas Silberlösung auf eine Glasplatte und bringe in die Mitte den Quecksilbertropfen.

Die Kristallisation breitet sich nach allen Seiten aus. Ein Teil des Quecksilbers scheidet Silber aus. Dieses verbindet sich mit dem überschüssigen Quecksilber zu kristallinischem Silberamalgam, das sich durch Ansetzen kleinster kristallinischer Teilchen vergrößert.

Silberoxyd.

Versuch 240. Glühe Silberoxyd in einem Reagenzglas und weise den Sauerstoff nach.

Silberoxyd, ein braunschwarzes Pulver, zerfällt schon bei schwachem Glühen in Sauerstoff und Silber.

$$Ag_2O = 2Ag + O.$$

Versuch 241. Löse Höllenstein (salpetersaures Silber) in Wasser und gieße Salzsäure hinzu.

Der sich bildende weiße Niederschlag ist Chlorsilber.

Chlorsilber.

Versuch 242. Gieße die im vorigen Versuch erhaltene klare Lösung ab, teile das Chlorsilber in zwei Teile, übergieße den einen Teil in einem Reagenzgläschen mit Ammoniak.

Der Niederschlag verschwindet.

Setze nun etwas Salzsäure oder Schwefelsäure hinzu. Der Niederschlag bildet sich abermals, da die Salzsäure sich mit dem Ammoniak verbindet.

Versuch 243. Setze den zweiten Teil des Chlorsilbers dem Sonnenlichte aus.

Es färbt sich zuerst violett, schließlich schwarz.

Versuch 244. Stelle in die Lösung eines Silbersalzes ein blankes Kupferblech.

Das Blech überzieht sich mit Silber. Nach längerer Zeit findet sich am Gefäßboden Silberpulver.

Edlere Metalle werden durch unedlere gefällt.

$$2\,AgNO_3 + Cu = 2\,Ag + Cu(NO_3)_2$$

Silbernitrat + Kupfer = Silber + Kupfernitrat.

Fällen von Silber.

Versuch 245. Löse 1 Teil Traubenzucker in 8 Teilen destilliertem Wasser. Erhitze eine nicht zu sehr konzentrierte Lösung von salpetersaurem Silber nahezu bis zum Sieden. Vermische beide Flüssigkeiten.

Die Mischung trübt sich. Nach einiger Zeit setzt sich ein feines Pulver am Boden und an den Wänden des Glases ab.

Reibe mit einem Glasstab an den Wänden!

Jeder Strich erscheint als blanker Silberfaden.

Edlere Metalle, wie Gold und Silber, welche den Sauerstoff weniger festhalten, lassen sich durch brennbare organische Stoffe reduzieren. Das Silbersalz gibt seinen Sauerstoff an Traubenzucker ab, der dadurch bräunlich gefärbt wird.

Chromsaures Silber.

Versuch 246. Zur Unterscheidung von echtem Silber oder echtem Silberüberzug von silberähnlichen Legierungen reinige den zu prüfenden Gegenstand mit Weingeist und bringe einen Tropfen einer kalt gesättigten Lösung von Kaliumdichromat in Salpetersäure ($s = 1{,}2$) darauf. Bei echtem Silber hinterbleibt ein blutroter Fleck von chromsaurem Silber, der durch Ammoniak wieder entfernt werden kann.

Bei schwachen Versilberungen verdünne obige Flüssigkeit mit dem gleichen Volumen Wasser, um die Auflösung des wenigen Silberchromats in der Salpersäure zu verhindern (Buchner).

Versilbern von Glas.

Versuch 247. a) Löse 10 g Silbernitrat in 50 ccm Wasser, gieße tropfenweise, bis die Flüssigkeit klar wird, Salmiakgeist hinzu, sodann eine Lösung (1 : 5) von salpetersaurem Silber bis zur beginnenden Opaleszenz, verdünne mit destilliertem Wasser auf 1 Liter.

b) Löse 20 g Seignettesalz und 200 g Kandiszucker in 200 g destilliertem Wasser, vermische damit eine Lösung von 4 g salpetersaurem Silber in 20 g destilliertem Wasser, koche die Mischung etwa $^1/_2$ Stunde und verdünne mit destilliertem Wasser, bis 1 Liter erhalten wird.

c) Mische beim Gebrauch gleiche Mengen der Lösungen a und b, erwärme sie und bringe sie auf eine gut gereinigte Glasplatte. Nach einiger Zeit (etwa 1 Tag) scheidet sich ein Silberspiegel auf dem Glase ab. Der

Spiegel wird mit Wasser ausgewaschen und nach dem Trocknen lackiert (zarter Pinsel).

Die Flüssigkeiten sind im Dunkeln aufzubewahren.

Schwefelsilber.

Versuch 248. Tauche einen silbernen Gegenstand in eine Lösung von Schwefelsilber.

Das Silber wird geschwärzt, es entsteht Schwefelsilber Ag_2S, fälschlich „oxydiertes Silber" genannt.

Mit warmer Salpetersäure abgerieben wird das Silber wieder blank.

Versuch 249. Laß Schwefelwasserstoff auf Silber einwirken.

Das Silber wird ebenfalls geschwärzt, da es den Schwefelwasserstoff zersetzt und mit Schwefel Schwefelsilber bildet.

Versuch 250. Laß in eine Silbernitratlösung oder eine andere Silbersalzlösung Schwefelwasserstoff einströmen.

Der Niederschlag besteht aus schwarzem Schwefelsilber.

Gold.

Au = 195,74.

Material: Goldblech; Bunsenbrenner; Goldmünze; Schwefel; konzentrierte Schwefelsäure; Goldoxyd; destilliertes Wasser; Probiergläser; Kalilösung; Salmiakgeist; Goldchlorid; Salzsäure; Schwefelwasserstoff; Goldimitation; Silbernitratlösung; Königswasser; Kieselschiefer; Salpetersäure; Oxalsäure; Zinnchlorürlösung.

Versuch 251. Erhitze ein Stück reines Goldblech.

Das Metall bleibt unverändert.

Versuch 252. Erhitze eine Legierung von Gold und Kupfer (Goldmünze).

Das Kupfer wird beim Erhitzen schwarz.

Wasche die schwarz gewordene Münze mit verdünnter Schwefelsäure ab und glühe nochmals.

Die Münze bleibt blank.

Versuch 253. Erhitze ein Goldstückchen in schmelzendem Schwefel.

Es bleibt unverändert.

Versuch 254. Laß konzentrierte Schwefelsäure auf Gold wirken.

Keine Veränderung tritt ein.

Versuch 255. Erhitze Goldoxyd.

Das braune amorphe Pulver gibt schon bei 240° seinen Sauerstoff ab.

Versuch 256. Löse ein Goldoxydsalz in destilliertem Wasser, fülle zwei Probiergläschen mit der Lösung und gieße vorsichtig in das eine Kalilösung, in das andere Salmiakgeist (Ammoniakflüssigkeit).

In ersterem entsteht kein, in letzterem ein gelber Niederschlag (Knallgold).

Versuch 257. Setze zu einer Lösung von Goldchlorid eine größere Menge Salzsäure und laß durch die Lösung einen Schwefelwasserstoffstrom hindurchgehen. (Vorsicht! Abzug!)

Der Niederschlag ist schwarzbraunes Schwefelgold.

Versuch 258. Betupfe eine Goldimitation mit einer Silbernitratlösung (1 : 50).

Die Imitation wird grau gefärbt, dagegen bleibt echtes Gold unverändert.

Versuch 259. Löse ein Stückchen Gold in Königswasser und lasse langsam verdunsten.

Man erhält lange, gelbe, nadelförmige Kristalle $HAuCl_4 + 4H_2O$, „Goldchlorid" im Handel genannt.

Versuch 260. Betupfe mit einer Auflösung des Goldchlorids eine kleine Stelle der Haut.

Sie wird dunkel purpurfarben.

Versuch 261. Um Goldwaren zu prüfen, reibe diese mit einem Probierstein (schwarzer Kieselschiefer) und betupfe den entstandenen Strich mit Salpetersäure ($s = 1,36$). Reines Gold bleibt unverändert, der durch Legierungen erzeugte Strich verschwindet mehr oder weniger vollständig.

Versuch 262. Erhitze ein Stückchen Gold (echtes Blattgold) zuerst in konzentrierter Salzsäure, dann in konzentrierter Salpetersäure.

Das Gold wird nicht verändert.

Mische sodann Salzsäure und Salpetersäure im Verhältnis 4 : 1 und lege das Metall hinein.

Es wird unter Bildung von Goldchlorid $AuCl_3$ bald aufgelöst sein.

Versuch 263. Koche in einem Probiergläschen eine verdünnte Goldchloridlösung mit Oxalsäure.

Das Gold scheidet sich in feinem Zustande aus.

Versuch 264. Setze zu einer Goldchloridlösung ($AuCl_3$) im Probierglas eine Zinnchlorürlösung ($SnCl_2$).

Der purpurrote Niederschlag ist Goldpurpur, der Verwendung bei Herstellung des echten Rubinglases findet.

Platin.

Pt = 195,2.

Material: Platinblech; Bunsenbrenner; Wasserstoffentwicklungsapparat (Kippscher Apparat); Chlorcalciumtrockenrohr; Platinschwamm; Schwefel; Glasröhre; Schwefelsäure; Platinoxydulsalz; destilliertes Wasser; Salmiakgeist; Kalilösung; Platinoxydsalz; Ammoniumplatinchlorid; Spirituslampe; Äther; Alkohol; dünner Platindraht.

Versuch 265. Halte ein Stück Platinblech in eine Flamme.

Das Blech kommt schnell zum lebhaften Glühen und zeigt nach dem Erkalten weder im Glanz noch in der Farbe Veränderungen.

Versuch 266. Glühe ein dünnes, locker zusammengedrücktes Platinblech aus und halte es nach dem Erkalten an die Ausflußöffnung (feine Spitze!) eines Wasserstoffentwicklungsapparates (vor dem Anzünden Knallgasprobe!). Dem Wasserstoff ist die Feuchtigkeit durch Einschalten eines Chlorcalciumtrockenrohrs zu nehmen.

Das Platinblech wird glühend und entzündet sich (Gasselbstentzünder).

Platin hat, besonders in feiner Zerteilung als Platinschwamm die Eigenschaft, Gase auf seiner Oberfläche zu verdichten, wobei soviel Wärme entwickelt wird, daß das Metall zum Glühen kommt und den Wasserstoff entzündet. Platinschwamm wirkt durch seine größere Oberfläche kräftiger als eine gleiche Menge Blech.

Versuch 267. Erhitze unter Luftabschluß ein Stückchen Platinschwamm mit Schwefel bis zur Rotglut.

Es bildet sich schwarzes Schwefelplatin.

Versuch 268. Laß konzentrierte Schwefelsäure auf Platinblech wirken.

Das Platin wird nicht angegriffen, ebensowenig von Salzsäure, Salpetersäure, Fluorwasserstoffsäure.

Versuch 269. Löse ein Platinoxydulsalz in Wasser und setze vorsichtig Salmiakgeist hinzu.

Es bildet sich ein grüner, kristallinischer Niederschlag.

Versuch 270. Wiederhole den Versuch, setze aber nicht zu stark konzentrierte Kalilösung hinzu.

Es entsteht kein Niederschlag.

Versuch 271. Nimm an Stelle des Platinoxydulsalzes ein Platinoxydsalz und wiederhole die beiden vorigen Versuche.

Es entsteht jedesmal ein gelber kristallinischer Niederschlag.

Versuch 272. Um Platinschwamm herzustellen, glühe Ammoniumplatinchlorid.

Der Rückstand, Platinschwamm, ist eine graue, schwammige, weiche Masse.

Versuch 273. Halte über einem von einem Gemenge von Alkohol und Äther gespeisten Dochte (Spirituslampe) eine Spirale von dünnem Platindraht, zünde die Lampe an und lösche sie wieder, sobald der Docht glüht.

Die Spirale glüht weiter.

Das Gemenge von Alkohol und Äther oxydiert fortwährend unter einer für das Glühen genügenden Wärmeentwicklung.

Arsen.

As = 75.

Material:

Versuch 274. Entwickle Wasserstoffgas und zünde es an (Vorsicht! Knallgasprobe!). Halte ein glasiertes Porzellanschälchen einige Augenblicke in die Flamme.

Es bilden sich Wassertröpfchen.

Tauche ein Hölzchen in Schweinfurter Grün, so daß nur einige Stäubchen an dem Holze haften und wirf es in die Entwicklungsflasche. — Zünde das Gas wieder an.

Die Flamme ist jetzt bläulich weiß, an dem in die Flamme gehaltenen Porzellan setzen sich schwarze oder braune Spiegel ab.

Die Spiegel sind metallisches Arsen.

Arsen ist das giftigste Gas, daher ist größte Vorsicht geboten.

Versuch 275. Um grüne Tapeten auf Arsen zu untersuchen, untersuche zunächst auf Kupfer, indem man mit einem Glasstabe einen Tropfen Ammoniak auf die grüne Farbe bringt.

Nach einigen Minuten entsteht eine tiefblaue Färbung von Kupferammoniak.

Entsteht keine blaue Färbung, so ist kein Kupfer und damit auch kein Arsen darin.

Berühre mit dem gereinigten Glasstab eine Lösung von salpetersaurem Silberoxyd und damit den blauen Tropfen.

Ist Arsen darin, so entsteht eine Ausscheidung von arsenigsaurem Silberoxyd Ag_3AsO_3 mit deutlich gelber Farbe.

Literatur.

Arendt, Lehrbuch der anorganischen Chemie. L.
Arendt, Technik der Experimentalchemie. H. u. L.
Erdmann, Lehrbuch der anorganischen Chemie. Braunschweig.
Schlichting Chemische Versuche. K.

Metzger & Wittig, Leipzig.

FSC
www.fsc.org
MIX
Papier | Fördert
gute Waldnutzung
FSC® C083411

Zeitfracht Medien GmbH
Ferdinand-Jühlke-Straße 7
99095 Erfurt, Deutschland
produktsicherheit@kolibri360.de